U0209858

高等学校工程应用型"十二五"系列规划教材

传感技术应用基础

饶志强　钮文良　编著

科学出版社

北京

内 容 简 介

本书系统地介绍了传感器的基本结构、工作原理、特性及相应的测量电路。全书共 8 章，第 1 章介绍了传感器的基本概念及传感器的静、动态特性；第 2～8 章分别介绍了电阻式、电容式、电感式、压电式、热电式、气敏式、湿敏式、辐射式、光电式、光纤式传感器的结构、工作原理及应用。书中每章都提供了大量的应用实例，并且将一些实际案例通过二维码技术实现，读者可扫描二维码参考这些案例。每章后还附有课后习题。

全书按工作原理分章，条理清晰，内容的选取反映了我国当前工业生产和科研的实际，同时加强了传感器的特性分析、精度分析及实际应用。本书可作为理工科院校电气、电子、自动化、通信、应用物理、计算机应用、物联网等工程应用型本科教材，也可作为其他相关专业技术人员的参考书。

图书在版编目（CIP）数据

传感技术应用基础 / 饶志强，钮文良编著. —北京：科学出版社，2016.8
高等学校工程应用型"十二五"系列规划教材
ISBN 978-7-03-049469-6

Ⅰ.①传… Ⅱ.①饶… ②钮… Ⅲ.①传感器－高等学校－教材
Ⅳ.①TP212

中国版本图书馆 CIP 数据核字（2016）第 179850 号

责任编辑：潘斯斯 张丽花 / 责任校对：郭瑞芝
责任印制：徐晓晨 / 封面设计：迷底书装

科 学 出 版 社 出版
北京东黄城根北街 16 号
邮政编码：100717
http://www.sciencep.com

北京教图印刷有限公司 印刷
科学出版社发行 各地新华书店经销
*

2016 年 8 月第 一 版 开本：787×1092 1/16
2018 年 5 月第三次印刷 印张：9 1/2
字数：225 000

定价：49.00元
（如有印装质量问题，我社负责调换）

前　言

　　传感技术是测量技术、半导体技术、计算机技术、信息处理技术、微电子学、光学、声学、精密机械、仿生学和材料科学等众多学科相互交叉的综合性和高新技术密集型前沿技术之一，是现代新技术革命和信息社会的重要基础，是自动检测和自动控制技术不可缺少的重要组成部分。目前，传感技术已成为我国国民经济不可或缺的支柱产业的一部分。传感器在工业部门的应用普及率已被国际社会作为衡量一个国家智能化、数字化、网络化的重要标志。

　　本书通过精选内容、归类编排的方法增强传感器教学的系统性，有利于读者对传感器的现状和发展有一个完整的概念。鉴于传感器种类繁多，涉及的学科广泛，不可能也没有必要对各种具体传感器逐一剖析。本书在编写中力求突出共性技术基础，对各类传感器则注重机理分析，筛选我国当前工业生产和科研实际应用广泛的内容，纳入重点编写。

　　全书共8章，内容包括传感器的基本概念、传感器的特性及测量电路分析、电阻式传感器、电容式传感器、电感式传感器、压电式传感器、热电式传感器、气敏式传感器、湿敏式传感器、辐射式传感器、光电式传感器、光纤式传感器等。注重理论与实践相给合，力求能用一定理论去解决实际问题；既能掌握一定的先进技术，又能着眼当前的技术应用服务。

　　与此同时，本书将一些实际案例通过二维码技术实现，读者可扫描二维码参考这些案例。

　　本书可作为高等学校电气、电子、检测技术、仪器仪表、自动化、物联网工程等专业的教材，也可作为跨专业选修课教材。除绪论外，传感器各章均具有一定的独立性。可供有关专业本科生、大专生和研究生选用；同时，也可作为有关工程技术人员的参考书。

　　本书由饶志强、钮文良编著，负责总体设计和统稿；龙建雄、路铭、陈景霞、肖琳、申海伟、杜丽娟参编，采用集体讨论、分工编写、交叉修改的方式进行。

　　本书的编写得到了北京联合大学人才培养定额专项"跨学科多层次可持续人才培养模式研究"的资助。与此同时得到了北京联合大学应用科技学院的教师和有关领导的大力支持。编写时参考了诸多书籍，在此对参考文献的作者表示感谢！最后，感谢科学出版社各位编辑为本书的出版倾注了大量的心血和热情，也正是他们前瞻性的眼光，才让读者有机会看到本书。

　　由于本书的编写风格和内容是一种新的尝试，加之作者水平有限，书中难免存在疏漏之处，欢迎读者批评指正，可通过电子邮箱 yykjtzhiqiang@buu.edu.cngn 与作者进行交流。

目　　录

第1章 绪 论

1.1 传感器的定义及作用

1. 传感器的定义

传感器是能感受规定的被测量并按照一定规律转换成可用输出信号的器件或装置，通常由敏感元件和转换元件组成。其中，敏感元件是指传感器中直接感受被测量的部分，转换元件是指传感器能将敏感元件的输出转换为适于传输和测量的电信号部分。

有些国家和有些科学领域，将传感器称为变换器、检测器或探测器等。应该说明，并不是所有的传感器都能明显区分敏感元件与转换元件两个部分，而是二者合为一体。例如，半导体气体、湿度传感器等，它们一般都是将感受的被测量直接转换为电信号，没有中间转换环节。

传感器输出信号有很多形式，如电压、电流、频率、脉冲等，输出信号的形式由传感器的原理确定。

2. 传感器的组成

通常由敏感元件和转换元件组成，但是由于传感器输出信号一般都很微弱，需要由信号调节与转换电路将其放大或变换为容易传输、处理、记录和显示的形式。随着半导体器件与集成技术在传感器中的应用，传感器的信号调节与转换可以安装在传感器的壳体里或与敏感元件一起集成在同一芯片上。因此，信号调节与转换电路以及所需电源都应作为传感器的组成部分。

常见的信号调节与转换电路有放大器、电桥、振荡器、电荷放大器等，它们分别与相应的传感器相配合。

3. 传感器技术的发展动向

传感器技术所涉及的知识非常广泛，渗透到各个学科领域。但是它们的共性是利用物理定律和物质的物理、化学和生物特性，将非电量转换成电量。所以，如何采用新技术、新工艺、新材料以及探索新理论达到高质量的转换，是总的发展途径。

当前，传感器技术的主要发展动向，一是开展基础研究，发现新现象，开发传感器的新材料和新工艺；二是实现传感器的集成化与智能化。

4. 测量的定义

测量（measurement）是人们借助于仪器、设备，采用一定的方法，对客观事物取得某种结果的认识过程。从概念中可以看出测量是把一个量（被测量）和作为比较单位的另一个量（标准）相比较的过程。因此，测量过程实际上就是一个比较过程。

5. 检测技术的定义

检测技术属于信息科学的范畴，与计算机技术、自动控制技术和通信技术构成完整的信息技术学。测量是指确定被测对象属性量值为目的的全部操作，测试是具有实验性质的测量，或者可以理解为测量和试验的综合。

6. 现代信息技术

感测技术——获取信息的技术（感官）；通信技术——传递信息的技术（神经）;计算机技术——处理信息的技术（大脑）;控制技术——利用信息的技术（大脑的决策）。

（1）计算机技术+传感器技术=智能传感器。

（2）计算机技术+通信技术=计算机网络技术。

（3）计算机网络技术+智能传感器=网络化智能传感器。

7. 现代测控技术

（1）检测系统：它单纯以测试或检测为目的，主要实现数据的采集，所以又称为数据采集系统。

（2）控制系统：它单纯以控制为目的，使控制对象实现预期的要求。

（3）测控系统：它是以微机为核心，测控一体化的系统。

8. 采集系统概述

（1）传感器：用于完成信号的获取，它将被测参量（非电量或电量）转换成相应的可用信号（电信号）。

（2）信号调理作用：其一是放大，将信号放大到与数据采集卡中的 A/D 转换器相适配；其二是预滤波，抑制干扰噪声信号的高频分量。

（3）通用的数据采集系统：数据采集（DAQ）是指从传感器和其他待测设备等模拟和数字被测单元中自动采集非电量或者电量信号，送到上位机中进行分析、处理，如图 1-1 所示。数据采集系统是结合基于计算机或者其他专用测试平台的测量软硬件产品来实现灵活的、用户自定义的测量系统，其构成如图 1-2 所示。

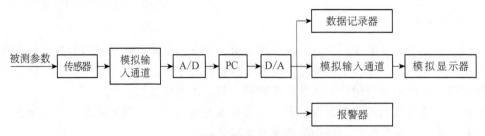

图 1-1 数据采集系统的基本组成框图

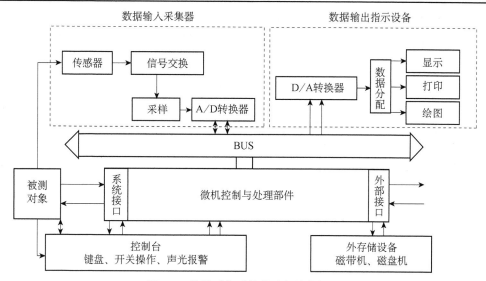

图 1-2 数据采集系统的功能结构框图

一台计算机可搭载多块板卡，一块板卡可连接多路信号采集，可在一块板卡上实现不同类型的信号采集，如图 1-3 所示。

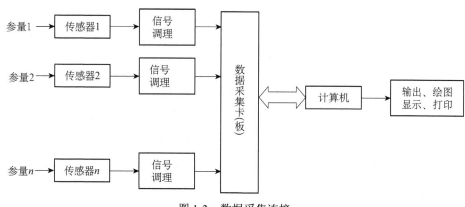

图 1-3 数据采集连接

（4）数据采集卡（板）的主要功能：一是由衰减器和增益可控放大器进行量程自动变换；二是由多路切换开关完成对多点多通道信号的分时采样；三是将信号的采样值转换为幅值离散的数字量。

9. 闭环控制型

闭环控制是控制论的一个基本概念，是指作为被控的输出以一定方式返回到作为控制的输入端，并对输入端施加控制影响的一种控制关系。在控制论中，闭环通常指输出端通过"旁链"方式回馈到输入，称为闭环控制。输出端回馈到输入端并参与对输出端再控制，这才是闭环控制的目的，这种目的是通过反馈来实现的，如图 1-4 所示。

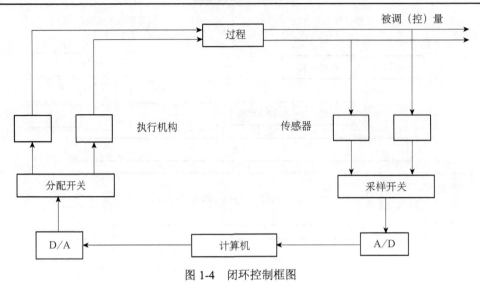

图 1-4 闭环控制框图

1.2 传感器的分类

（1）**按被测量分类**：传感器分为温度、湿度、压力、位移、速度、加速度等传感器。

（2）**按测量原理分类**：传感器的测量原理主要基于电磁原理和固体物理学原理。

根据变电阻原理：传感器分为电位器式和应变式电阻传感器。

根据变磁阻原理：传感器分为电感式、差动变压器式和电涡流式传感器。

根据半导体理论：传感器分为半导体力敏、热敏、光敏和气敏等固态传感器。

（3）**按结构型和物性型分类**：传感器分为结构型传感器和物性型传感器。

1.3 传感器的基本特性

1. 传感器的静态模型

传感器的静态模型是指在静态信号（输入信号不随时间变化或变化极其缓慢）情况下，传感器的输出量与输入量之间的函数关系，如图 1-5 所示。

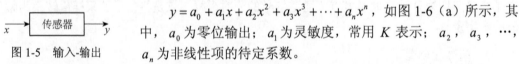

图 1-5 输入-输出

$y = a_0 + a_1 x + a_2 x^2 + a_3 x^3 + \cdots + a_n x^n$，如图 1-6（a）所示，其中，$a_0$ 为零位输出；a_1 为灵敏度，常用 K 表示；a_2，a_3，$\cdots$，a_n 为非线性项的待定系数。

（1）理想线性：$y = a_1 x$，如图 1-6（b）所示。

（2）具有 X 偶次阶项：$y = a_1 x + a_2 x^2 + a_4 x^4 + \cdots$，如图 1-6（c）所示。

（3）具有 X 奇次阶项：$y = a_1 x + a_3 x^3 + a_5 x^5 + \cdots$，如图 1-6（d）所示。

借助实验方法确定传感器静态特性（校准特性）的过程，如图 1-6 所示。

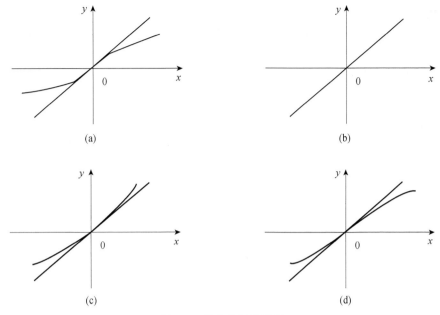

图 1-6　静态信号特性图

2. 传感器的静态特性

传感器的静态特性是指在静态信号作用下，所呈现出来的输入-输出特性。

传感器的静态特性主要由下面几种性能指标来描述。

1）线性度（非线性误差）

$$\delta_{\mathrm{L}} = \pm \frac{\Delta Y_{\max}}{Y_{\mathrm{FS}}} \times 100\%$$

式中，Y_{FS} 为传感器的满量程输出。

　　注： 线性度（非线性误差）是以一定的拟合直线为基准计算的，所选取的拟合直线不同，则计算出的线性度（非线性误差）不同，如图 1-7 所示。

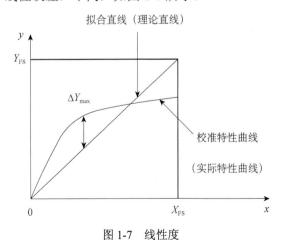

图 1-7　线性度

两种常用的拟合直线的方法（回归分析）：端基法、最小二乘法等。

最小二乘法（拟合精度最高）

令拟合直线方程为 $y = a_0 + Kx$，假设实际校准点有 n 个，即 (x_1, Y_1)，(x_2, Y_2)，$\cdots$，(x_n, Y_n)。

任一校准数据 Y_i 与拟合直线上对应的理想值 y_i 之间的差为

$$\Delta_i = Y_i - y_i = Y_i - (a_0 + Kx_i)$$

拟合原则

如何选择 a_0，K 的值，使 $J = \sum_{i=1}^{n} \Delta_i^2 \to \min$。

即

$$\frac{\partial}{\partial K} \sum_{i=1}^{n} \Delta_i^2 = 2\sum_{i=1}^{n} (Y_i - a_0 - Kx_i)(-x_i) = 0$$

$$\frac{\partial}{\partial a_0} \sum_{i=1}^{n} \Delta_i^2 = 2\sum_{i=1}^{n} (Y_i - a_0 - Kx_i)(-1) = 0$$

由此可得

$$a_0 = \frac{\sum_{i=1}^{n} x_i^2 \sum_{i=1}^{n} y_i - \sum_{i=1}^{n} x_i \sum_{i=1}^{n} (x_i Y_i)}{n\sum_{i=1}^{n} x_i^2 - \left(\sum_{i=1}^{n} x_i\right)^2}$$

$$K = \frac{n\sum_{i=1}^{n} x_i y_i - \sum_{i=1}^{n} x_i \sum_{i=1}^{n} Y_i}{n\sum_{i=1}^{n} x_i^2 - \left(\sum_{i=1}^{n} x_i\right)^2}$$

测量范围和量程

测量上限：传感器所能测量的最大被测量（输入量）的数值。

测量下限：传感器所能测量的最小被测量（输入量）的数值。

测量范围：测量下限~测量上限。量程=测量上限-测量下限。

例：有一力敏传感器。

测量范围为：-5~+10N   量程为：15N

2）灵敏度

灵敏度是指某方法对单位浓度或单位量待测物质变化所致的响应量变化程度，它可以用仪器的响应量或其他指示量与对应的待测物质的浓度或量之比来描述。

灵敏度指示器的相对于被测量变化的位移率，灵敏度是衡量物理仪器的一个标志，特别是电学仪器注重仪器灵敏度的提高。通过灵敏度的研究，可加深对仪表的构造和原理的理解，如图 1-8 所示。

$$K = \lim_{\Delta x \to 0} \frac{\Delta y}{\Delta x} = \frac{dy}{dx}\bigg|_{x=x_0}$$

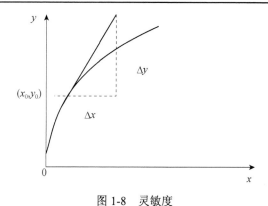

图 1-8 灵敏度

3）分辨率

输入分辨率

在传感器的全部测量范围内都能产生可观测的输出量变化的输入量的最小变化量 $\Delta X_{\min}$，以满量程输入的百分比表示，如图 1-9 所示。

$$R_X = \frac{\Delta X_{\min}}{X_{FS}} \times 100\%$$

式中，$\Delta X_{\min}$ 为在规定测量范围所能检测输入量的最小变化量；X_{FS} 为规定的测量范围。

阈值（最小检测量）

阈值（最小检测量）包括灵敏限、灵敏阈、失灵区、死区。

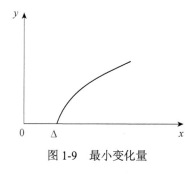

图 1-9 最小变化量

4）精确度（精度）

精度是测量值与真值的接近程度，包含精密度和准确度两个方面。每一种物理量要用数值表示时，必须先要制定一种标准，并选定一种单位。

精密度(δ)：说明测量结果的分散性。

正确度(ε)：说明测量结果偏离真值大小的程度。

精确度(τ)：$\tau = \delta + \varepsilon$。

5）迟滞

迟滞特性表明检测系统在正向（输入量增大）和反向（输入量减小）行程期间，输入-输出特性曲线不一致的程度。对同样大小的输入量，检测系统在下行、反行程中，往往对应两个大小不同的输出量。通过实验找出输出量的这种最大差值，并以满量程输出 Y_{FS} 的百分数表示，就得到了迟滞的大小，如图 1-10 所示。

$$\delta_{\mathrm{H}} = \frac{\Delta m}{Y_{\mathrm{FS}}} \times 100\%$$

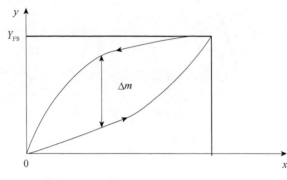

图 1-10　迟滞

6）零漂和温漂

零漂和温漂是表示传感器性能稳定性的重要指标。

零点漂移（零漂）

传感器无输入时，输出偏离零值的大小。

$$零漂 = \frac{\Delta Y_0}{Y_{\mathrm{FS}}} \times 100\%$$

式中，ΔY_0 为最大零点偏差。

温漂

温度变化时，传感器输出值的偏离程度。

$$温漂 = \frac{\Delta Y_{\max}}{Y_{\mathrm{FS}} \cdot \Delta T} \times 100\%$$

式中，$\Delta Y_{\max}$ 为输出最大偏差；ΔT 为温度变化范围。

1.4　传感器的动态模型

传感器的动态模型是指传感器在准动态信号或动态信号（输入信号随时间而变化的量）作用下，描述其输出和输入信号的一种数学关系。

通常采用微分方程和传递函数等来描述。

1）传感器的动态特性

传感器的动态特性是反映传感器对随时间变化的输入量的响应特性。

通常采用阶跃响应法（时域）、频率响应法（频域）来分析。

2）传感器的发展趋向

半导体技术已进入超大规模集成化阶段，各种制造工艺、材料性能的研究已达到相当高的水平。

纳米科学是一门集基础科学与应用科学于一体的新兴科学。主要包括纳米电子学、纳米材料、纳米生物学等学科。

纳米科学具有很广阔的应用前景，它将促使现代科学技术从目前的微米（$1\mu m=10^{-6} m$）尺度（微型结构）上升到纳米（毫微米，$1nm=10^{-9} m$）或原子尺度。已研制出碳分子电线、纳米开关、纳米马达（直径为 10nm）等。

从发展前景来看，具有以下几个特点：①传感器的固态化；②传感器的集成化和多功能化；③传感器的图像化；④传感器的智能化。

传感器的发展趋向为开展基础研究，重点研究传感器的新材料、新工艺，实现传感器的智能化。

习 题

1. 一个可供实用的传感器由哪几部分构成？各部分的作用是什么？试用框图示出你所理解的传感器系统。

2. 什么是传感器、自动检测技术？

3. 简述传感器的分类。

4. 什么是传感器的静态特性和动态特性？为什么要把传感器的特性分为静态特性和动态特性？

5. 有一台测量压力的仪表，测量范围为 0~106Pa，压力 p 与仪表输出电压之间的关系为

$$U_o = a_0 + a_1 p + a_2 p^2$$

式中，$a_0 = 2mV$，$a_1 = 10mV/(10^5 Pa)$，$a_2 = -0.5mV/(10^5 Pa)^2$。求：

（1）该仪表的输出特性方程。

（2）画出输出特性曲线示意图（x 轴、y 轴均要标出单位）。

（3）该仪表的灵敏度表达式。

第 2 章　电阻式传感器

电阻应变式传感器是一种利用电阻应变片将应变转换为电阻的传感器。任何被测量只要能变换成应变，都可以利用应变片进行测量。电阻应变片具有悠久的历史，是应用最广泛的传感器之一。它具有以下几个特点。

（1）精度高、范围广。测力传感器的量程可从零点几 N 至几百 kN，精度可达 0.05%，测量范围可由数 $\mu\varepsilon$（微应变，$1\mu\varepsilon$ 相当于长度为1m 的试件，其变形为 $1\mu m$ 时的相对变形量，即 $1\mu\varepsilon=1\times10^{-6}$）至数千 $\mu\varepsilon$。

（2）适合动、静态测量。一般应变式传感器的响应时间为 10^{-7}s，半导体应变式传感器可达 10^{-11}s。

（3）结构简单，尺寸小，性能稳定可靠。

（4）存在非线性，抗干扰能力较差。

2.1　传感器的弹性敏感元件

弹性体的敏感元件利用弹性体的弹性形变将被测量物体由一种物理状态转换成另一种物理状态，直接作用测量和被测量的关系，如图 2-1 所示。

物体的变形：在外力作用下，物体将产生尺寸和形状的变化。

弹性变形：在外力作用下，物体将产生尺寸和形状的变化，当去掉外力后，物体即恢复原来的尺寸和形状，这种变形称为弹性变形。

弹性敏感元件：利用弹性变形来进行测量和变换的元件称为弹性敏感元件。

弹性敏感元件的弹性特性

弹性敏感元件的基本特性可用刚度和灵敏度来表征。刚度是对弹性敏感元件在外力作用下变形大小的定量描述，即产生单位位移所需要的力（或压力）。灵敏度是刚度的倒数，它表示单位作用力（或压力）使弹性敏感元件产生形变的大小。实际的弹性材料在不同程度上普遍存在弹性滞后和弹性后效现象。弹性滞后是指弹性材料在加载、卸载的正反行程中，位移曲线是不重合的，构成一个弹性滞后环，即当载荷增加或减少至同一数值时位移之间存在一差值，如图 2-2 所示。弹性滞后的存在表明在卸载过程中没有完全释放外力所做的功，在一

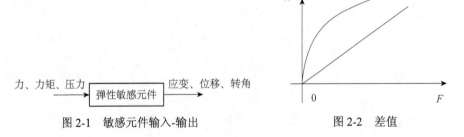

图 2-1　敏感元件输入-输出　　　　　　　　图 2-2　差值

个加卸载的循环中所消耗的能量相当于滞后环包围的面积。弹性后效是指载荷在停止变化之后，弹性元件在一段时间之内还会继续产生类似蠕动的位移，又称弹性蠕变。这两种现象在弹性元件的工作过程中是相随出现的，其后果是降低元件的品质因素并引起测量误差和零点漂移，在传感器的设计中应尽量使它们减小。

1）灵敏度

$$K = \frac{\mathrm{d}x}{\mathrm{d}F}$$

2）刚度

$$S = \frac{\mathrm{d}F}{\mathrm{d}x} = \frac{1}{K}$$

2.2　应变式电阻传感器

用于测量力、力矩、压力、加速度、重量等非电量参数，如图 2-3 所示。

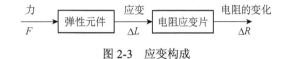

图 2-3　应变构成

2.2.1　应变效应

导体或半导体材料在受到外界力（拉力或压力）作用时，产生机械变形，引起其阻值变化，这种现象称为**应变效应**。

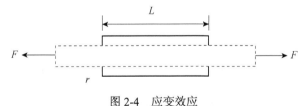

图 2-4　应变效应

根据

$$R = \rho \frac{l}{s}$$

式中，ρ 为金属丝电阻率；l 为金属丝长度；s 为金属丝截面积。

$$\ln R = \ln \rho + \ln l - \ln s$$

$$\frac{\mathrm{d}R}{R} = \frac{\mathrm{d}\rho}{\rho} + \frac{\mathrm{d}l}{l} - \frac{\mathrm{d}s}{s}$$

$$s = \pi r^2 \Rightarrow \frac{\mathrm{d}s}{s} = \frac{2\pi r \,\mathrm{d}r}{\pi r^2} = 2\frac{\mathrm{d}r}{r}$$

$$\varepsilon_x = \frac{\mathrm{d}l}{l} \text{（轴向应变）} \qquad\qquad \varepsilon_y = \frac{\mathrm{d}r}{r} \text{（径向应变）}$$

根据材料力学，有

$$\varepsilon_y = -\mu\varepsilon_x$$

式中，μ 为金属材料的泊松系数。

$$\frac{\mathrm{d}R}{R} = (1+2\mu)\varepsilon_x + \frac{\mathrm{d}\rho}{\rho} \Rightarrow \frac{\frac{\mathrm{d}R}{R}}{\varepsilon_x} = (1+2\mu) + \frac{\frac{\mathrm{d}\rho}{\rho}}{\varepsilon_x}$$

令

$$K_s = (1+2\mu) + \frac{\frac{\mathrm{d}\rho}{\rho}}{\varepsilon_x} = 常数$$

故

$$\frac{\mathrm{d}R}{R} = K_s \varepsilon_x$$

式中，K_s 为金属丝的应变灵敏系数。

其物理意义：单位应变所引起的电阻相对变化，如图 2-4 所示。

2.2.2　电阻应变片的结构和工作原理

1. 电阻应变片的基本结构

由敏感栅（金属丝）、基底、黏合剂、引线、盖片组成，如图 2-5 所示。

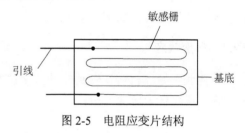

图 2-5　电阻应变片结构

2. 应变片的测量原理

$$F \Rightarrow \sigma\left(\sigma = E\varepsilon_x\right) \Rightarrow \varepsilon_x\left(\frac{\mathrm{d}R}{R} = K_x\varepsilon_x\right) \Rightarrow \mathrm{d}R$$

式中，σ 为试件所受的应力；ε_x 为试件产生的轴向应变；E 为试件材料的弹性杨氏模量。

2.2.3　电阻应变片的温度误差及其补偿方法

1. 因环境温度改变而引起应变片电阻变化的两个主要因素

（1）应变片的电阻丝具有一定的温度系数。
（2）电阻丝材料与测试材料的线膨胀系数不同。

2. 定量分析

（1）环境引起试件温度变化 $\Delta t\,℃$ 时，应变片的电阻丝产生的电阻变化为

$$R_t = R_0\left(1+\alpha_t\Delta t\right) \Rightarrow \Delta R_{t1} = R_t - R_0 = R_0\alpha_t\Delta t$$

式中，R_0 为温度是 $t\,℃$ 时的应变片的电阻值；α_t 为应变片金属丝的电阻温度系数，表示温度改变 1℃时的电阻的相对变化。

（2）环境引起试件温度变化 $\Delta t\,{}^\circ\!C$ 时，引起应变片电阻丝产生附加变形（图 2-6）。

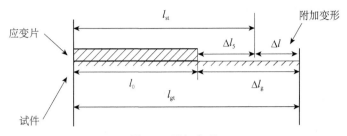

图 2-6　附加变形

$$l_{st}=l_0\left(1+\beta_s\Delta t\right),\qquad\qquad l_{gt}=l_0\left(1+\beta_g\Delta t\right)$$

式中，l_0 为温度是 $t\,{}^\circ\!C$ 时应变片电阻丝的长度；β_g、β_s 为试件材料、应变片电阻丝的线膨胀系数，表示温度改变 $1\,{}^\circ\!C$ 时长度的相对变化。

附加变形为

$$\Delta l=l_{gt}-l_{st}=\left(\beta_g-\beta_s\right)l_0\,\Delta t$$

附加应变为

$$\varepsilon_{2t}=\frac{\Delta l}{l_0}=\left(\beta_g-\beta_s\right)\Delta t$$

附加电阻变化为

$$\Delta R_{t2}=R_0K_s\varepsilon_{2t}=R_0K_s\left(\beta_g-\beta_s\right)\Delta t$$

总电阻的变化（温度误差）为

$$\Delta R_t=\Delta R_{t1}+\Delta R_{t2}=R_0\alpha_t\Delta t+R_0K_s\left(\beta_g-\beta_s\right)\Delta t$$

虚假应变（又称热输出）为

$$\varepsilon_t=\frac{\dfrac{\Delta R_t}{R_0}}{K_s}=\frac{\alpha_t}{K_s}\Delta t+\left(\beta_g-\beta_s\right)\Delta t$$

结论：应变片温度误差（热输出）的大小不仅与应变片敏感栅材料的性能（α_t、β_s）有关，还与被测试件材料的线膨胀系数 β_g 有关。

3．应变片温度误差补偿方法

1）单丝自补偿应变片
若要使应变片在温度变化 Δt 时的热输出为 0，必须使

$$\varepsilon_t=\frac{\alpha_t}{K_s}\Delta t+\left(\beta_g-\beta_s\right)\Delta t=0\ \Rightarrow\ \alpha_t=-K_s\left(\beta_g-\beta_s\right)$$

缺点：一种 α_t 值的应变片只能用在某一种试件材料上，局限性很大。

2）双丝组合式自补偿应变片

如图 2-7 所示，电阻丝温度系数中一个为正、一个为负， 满足　$\Delta R_{at} = -\Delta R_{bt}$。

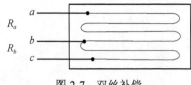

图 2-7　双丝补偿

两段敏感栅电阻丝的电阻大小的选择为

$$\frac{R_a}{R_b} = -\frac{\dfrac{\Delta R_{bt}}{R_b}}{\dfrac{\Delta R_{at}}{R_a}} = -\frac{\alpha_b + K_b\left(\beta_g - \beta_s\right)}{\alpha_a + K_a\left(\beta_g - \beta_s\right)}$$

优点：补偿效果较前一种好。

3）桥路补偿法

桥路补偿法（也称补偿片法）是效果较好而常用的一种方法。试件和补偿件如图 2-8 所示。

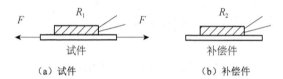

（a）试件　　　　　　（b）补偿件

图 2-8　试件和补偿件

图 2-8 中，R_1 为工作应变片，R_2 为补偿应变片（与 R_1 是同一种应变片），试件、补偿件的材料相同，处于同一个温度环境。

4）没有应变时，电桥平衡（调节）

$R_L = \infty$

$R_1 = R_2 = R$，　$R_3 = R_4 = R'$

$$U_0 = \frac{E\left(R_1 R_4 - R_2 R_3\right)}{(R_1 + R_2)(R_3 + R_4)} = 0$$

（电桥平衡）

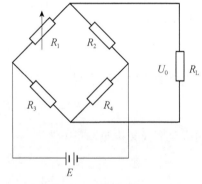

图 2-9　平衡电桥电路

如图 2-9 所示，当温度升高或降低时，若

$$\Delta R_{1t} = \Delta R_{2t}$$

则

$$U_0 = \frac{E}{(R_1 + \Delta R_{1t} + R_2 + \Delta R_{2t})(R_3 + R_4)}\left[(R_1 + \Delta R_{1t})R_4 - (R_2 + \Delta R_{2t})R_3\right] = 0$$

5）若此时有应变作用

$$\Delta R_1 = R_1 K_s \varepsilon_x$$

$$U_0 = \frac{E\left[(R_1 + \Delta R_{1t} + \Delta R_1)R_4 - (R_2 + \Delta R_{2t})R_3\right]}{(R_1 + \Delta R_{1t} + \Delta R_1 + R_2 + \Delta R_{2t})(R_3 + R_4)} \approx \frac{1}{4}E\frac{\Delta R_1}{R_1} = \frac{1}{4}EK_s\varepsilon_x$$

结论： 电桥输出电压只与应变 ε_x 有关，与温度无关。

为达到完全温度补偿，必须满足以下条件。

（1）R_1 与 R_2 必须为同一种应变片。

（2）R_1 与 R_2 必须贴在相同的材料上。

（3）R_1 与 R_2 必须处于同一温度环境中。

（4）必须满足 $R_3 = R_4$。

2.2.4　电阻应变片的测量电路

1. 直流电桥

1）电桥原理

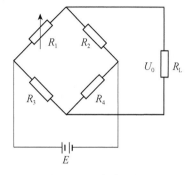

$$R_L \to \infty$$

$$U_0 = \frac{E}{(R_1 + R_2)(R_3 + R_4)}(R_1 R_4 - R_2 R_3)$$

如图 2-10 所示，电桥平衡条件为

$$R_1 R_4 = R_2 R_3$$

或

$$\frac{R_1}{R_2} = \frac{R_3}{R_4}$$

图 2-10　直流电桥

电桥平衡时，有

$$U_0 = 0$$

2）电压灵敏度

单臂：R_1 为应变片，$R_1 \to R_1 + \Delta R_1$，R_2 为补偿应变片，R_3，R_4 为精密电阻。

$$U_0 = E\left(\frac{R_1 + \Delta R_1}{R_1 + \Delta R_1 + R_2} - \frac{R_3}{R_3 + R_4}\right) = \frac{\frac{R_4}{R_3} \cdot \frac{\Delta R_1}{R_1} \cdot E}{\left(1 + \frac{\Delta R_1}{R_1} + \frac{R_2}{R_1}\right)\left(1 + \frac{R_4}{R_3}\right)}$$

设

$$\frac{R_2}{R_1} = \frac{R_4}{R_3} = n$$

若

$$\Delta R_1 << R_1$$

即

$$\frac{\Delta R_1}{R_1} << 1$$

在理想情况下，有

$$U_0' \approx \frac{n}{(1+n)^2} \cdot \frac{\Delta R_1}{R_1} \cdot E$$

电压灵敏度为

$$K_V = \frac{U'}{\frac{\Delta R_1}{R_1}} = \frac{n}{(1+n)^2} \cdot E$$

令

$$\frac{\mathrm{d}K_V}{\mathrm{d}n} = 0 \Rightarrow n = 1$$

即当

$$\frac{R_2}{R_1} = \frac{R_4}{R_3} = 1 \quad (R_1 = R_2, R_3 = R_4) \text{ 时，有}$$

$$K_V \to \max$$

$$U_{0\max}' \approx \frac{E}{4} \cdot \frac{\Delta R_1}{R_1} = \frac{E}{4} K_s \varepsilon_x$$

$$K_{V\max} = \frac{1}{4} E$$

$$E \uparrow \to K_V \uparrow$$

问题： 供桥电源电压 E 能否很大？不能，边缘效应导致击穿。

3）非线性误差

实际上，$U_0 = \dfrac{n \cdot \dfrac{\Delta R_1}{R_1} \cdot E}{\left(1 + \dfrac{\Delta R_1}{R_1} + n\right)(1+n)}$。

如图 2-11 所示，理想情况下，$U_0' \approx \dfrac{n}{(1+n)^2} \cdot \dfrac{\Delta R_1}{R_1} \cdot E$。

非线性误差为

$$\delta\% = \left| \frac{U_0 - U'}{U_0'} \right| \times 100\% = \left| \frac{\dfrac{\Delta R_1}{R_1}}{1 + n + \dfrac{\Delta R_1}{R_1}} \right| \times 100\%$$

若 $n=1$，则

$$\delta\% = \left| \frac{\dfrac{\Delta R_1}{R_1}}{2 + \dfrac{\Delta R_1}{R_1}} \right| \times 100\% \approx \left| \frac{\Delta R_1}{2R_1} \right| \times 100\% = \left| \frac{1}{2} K_s \varepsilon_x \right| \times 100\%$$

例：若应变 $\varepsilon_x = 5000\mu$ ，$K_s = 2$ ，则 $\delta = 0.5\%$ ；若应变 $\varepsilon_x = 1000\mu$ ，$K_s = 125$ ，则 $\delta = 6\%$ 。

4）减小或消除非线性误差的方法

$$K_V \downarrow \leftarrow n \uparrow \rightarrow \delta \downarrow \quad （\times）$$

（1）半桥差动电路。R_1，R_2 为应变片，$R_1 = R_2$，$\Delta R_1 = \Delta R_2$ ，$R_3 = R_4$（为精密电阻）。

$$U_0 = E\left(\frac{R_1 + \Delta R_1}{R_1 + \Delta R_1 + R_2 - \Delta R_2} - \frac{R_3}{R_3 + R_4} \right) = \frac{1}{2} \cdot E \cdot \frac{\Delta R_1}{R_1} = \frac{1}{2} \cdot E \cdot K_s \varepsilon_x$$

$$K_V = \frac{U_0}{\dfrac{\Delta R_1}{R_1}} = \frac{1}{2} E$$

结论：半桥差动电路没有非线性误差，电压灵敏度比单臂工作的提高了一倍，同时还起了温度补偿作用。

（2）全桥差动电路。如图 2-12 所示，R_1，R_2，R_3，R_4 为应变片。

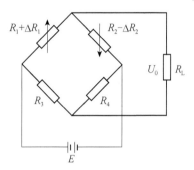

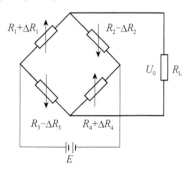

图 2-11　半桥差动电路　　　　　图 2-12　全桥差动电路

$$R_1 = R_2 = R_3 = R_4 = R, \quad \Delta R_1 = \Delta R_2 = \Delta R_3 = \Delta R_4 = \Delta R$$

$$U_0 = E\left(\frac{R_1 + \Delta R_1}{R_1 + \Delta R_1 + R_2 - \Delta R_2} - \frac{R_3 - \Delta R_3}{R_3 - \Delta R_3 + R_4 + \Delta R_4} \right)$$

$$= E \cdot \frac{\Delta R_1}{R_1} = E K_s \varepsilon_x$$

$$K_V = \frac{U_0}{\dfrac{\Delta R_1}{R_1}} = E$$

结论：全桥差动电路没有非线性误差，电压灵敏度是半桥差动电路的二倍，是单臂工作的四倍，同时还起了温度补偿作用。

2. 交流电桥

直流电桥输出电压较小，一般要加放大器，而直流放大器易产生零漂，因此常采用交流放大器，供桥电源为交流电源，此时要考虑引线分布电容，如图 2-13 所示。

1）交流电桥平衡条件

$$Z_1 = \frac{R_1}{1 + j\omega C_1 R_1}, \quad Z_2 = \frac{R_2}{1 + j\omega C_2 R_2}, \quad Z_3 = R_3, \quad Z_4 = R_4$$

$$\dot{U}_0 = \dot{U}\left(\frac{Z_1}{Z_1 + Z_2} - \frac{Z_3}{Z_3 + Z_4}\right) = \frac{(Z_1 Z_4 - Z_2 Z_3)}{(Z_1 + Z_2)(Z_3 + Z_4)} \cdot \dot{U}$$

电桥平衡条件为

$$Z_1 Z_4 = Z_2 Z_3$$

即

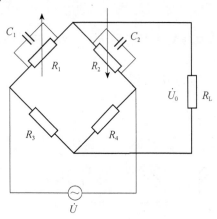

$$\frac{R_1}{1 + j\omega C_1 R_1} \cdot R_4 = \frac{R_2}{1 + j\omega C_2 R_2} \cdot R_3$$

$$\frac{R_3}{R_1} + j\omega R_3 C_1 = \frac{R_4}{R_2} + j\omega R_4 C_2$$

$$\Rightarrow \frac{R_3}{R_1} = \frac{R_4}{R_2}$$

即

$$R_1 R_4 = R_2 R_3$$
$$R_3 C_1 = R_4 C_2$$

图 2-13　交流电桥

2）交流电桥不平衡输出电压

（1）单臂交流电桥

$$\dot{U}_0 = \frac{1}{4}\dot{U}\frac{\Delta Z_1}{Z_1}$$

（2）半桥差动电路

$$\dot{U}_0 = \frac{1}{2}\dot{U}\frac{\Delta Z_1}{Z_1}$$

（3）全桥差动电路

$$\dot{U}_0 = \dot{U}\frac{\Delta Z_1}{Z_1}$$

2.3　电阻式传感器的应用

1. 电阻应变仪

电阻应变仪可测量力、压力、力矩、位移、振动、速度、加速度等。

组成：电桥、振荡器、放大器、相敏检波器、滤波器、电源、指示或记录器，如图 2-14 所示。

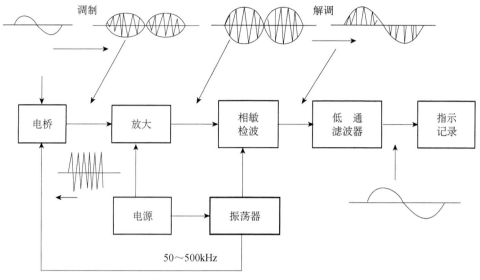

图 2-14　交流电桥电阻应变仪框图

2. 应变式力传感器

1）圆柱式（空心、实心）力传感器

$$\varepsilon_{\alpha} = \frac{\varepsilon_1}{2}\Big[(1-\mu) + (1+\mu)\cos 2\alpha\Big]$$

式中，μ 为弹性元件的泊松比。

如图 2-15 所示，轴向应变片感受的应变为

$$\varepsilon_1 = \frac{\Delta l}{l} = \frac{\sigma}{E} = \frac{F}{sE}$$

如图 2-16 和图 2-17 所示，圆周方向应变片感受的应变为

$$\varepsilon_2 = -\mu\varepsilon_1 = -\mu\frac{F}{sE}$$

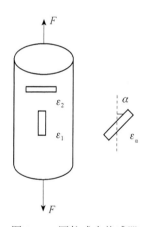

图 2-15　圆柱式力传感器

式中，F 为载荷（N）；E 为弹性元件杨氏模量（N/m²）；s 为弹性元件的截面积（m²）。

柱式力传感器应变片的粘贴为

$$R_1 = R_2 = R_3 = R_4 = R_5 = R_6 = R_7 = R_8$$

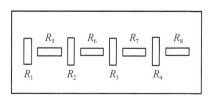

图 2-16　圆柱面展开图

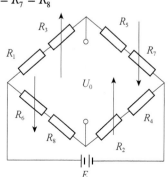

图 2-17　R_5、R_6、R_7、R_8 起温度补偿作用

2）梁式力传感器

$$\varepsilon_1 = \varepsilon_2 = \frac{\sigma}{E} = \frac{6FL_0}{bhE}$$

$$\varepsilon_3 = \varepsilon_4 = -\frac{\sigma}{E} = -\frac{6FL_0}{bhE}$$

如图 2-18 和图 2-19 所示，R_1、R_2 受拉，R_3、R_4 受压。

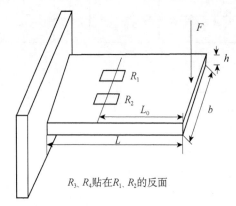

图 2-18　等截面梁应变式力传感器

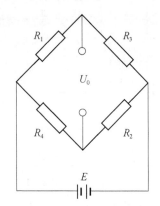

图 2-19　测梁应变电桥电路

2.4　应变片的应用

应变片的应用十分广泛，除了可以测量应变，还可测量应力、弯矩、扭矩、加速度、位移等物理量。电阻应变片的应用可分为两大类：第一类是将应变片贴于某些弹性体上，并将其接入一定的转换电路，这样就构成测量各种物理量的专用应变式传感器；第二类是将应变片贴于被测试件上，然后将其接到应变仪上就可直接从应变仪上读取应变量。图 2-20 所示为应变式测力传感器最典型的几种形式。

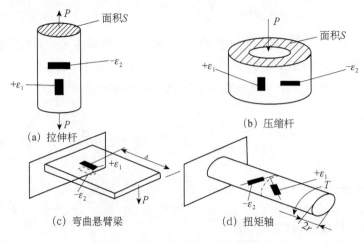

图 2-20　粘贴应变片和扭矩传感器简图

其中轴向应变片的应变为

$$\varepsilon_x = \frac{P}{SE}$$

圆周方向应变为

$$\varepsilon_y = -\mu\varepsilon_x = -\mu\frac{P}{SE}$$

对于悬臂梁在梁中心距离为 b 处的应变为

$$\varepsilon_b = \frac{6Pb}{E\omega t^2}$$

式中，ω、t 分别为梁的宽度和厚度（m）。

图 2-21 所示为应变式加速度传感器原理图。传感器由质量块、弹性悬臂梁、应变片和基座组成。测量时，将其固定于被测物上。当被测物做加速度运动时，质量块的惯性力（$F=ma$）使悬臂梁发生变形，通过应变片检测出悬臂梁的应变量，而应变量是与加速度成正比的。

图 2-15 和图 2-16 所示为荷重传感器。测力和称重传感器绝大部分是荷重传感器。下面对荷重传感器进行简单分析。

设钢制圆筒的截面积为 S、泊松比为 μ、弹性模量为 E。四片特性相同的应变片贴在圆筒外表面并接成全桥形式。若外加荷重为 P，则传感器输出为

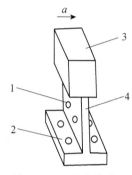

图 2-21　加速度传感器

1-应变片；2-基底；3-质量块；4-悬臂梁

$$U_o = \frac{U_1}{4}K(\varepsilon_1 - \varepsilon_2 - \varepsilon_3 + \varepsilon_4)$$

图 2-21 中应变处 1、4 感受的是纵向应变，即 $\varepsilon_1 = \varepsilon_4 = \varepsilon_x$；2、3 感受的是横向应变，即 $\varepsilon_2 = \varepsilon_3 = \varepsilon_y$。将这些关系代入公式可得

$$U_o = \frac{U_1}{2}K(1+\mu)\ \varepsilon_x = \frac{U_1}{2}K(1+\mu)\frac{P}{SE}$$

从上式可知，输出 U_o 正比于荷重 P。令 K_F 为荷重传感器的灵敏度，有

$$K_F = \frac{U_{om}}{U_1} = \frac{(1+\mu)KP_m}{2SE}$$

式中，U_{om} 为荷重传感器的最大输出；P_m 为额定荷重。

由于 U_o 往往是 mV 数量级，而 U_i 往往是 V 级，所以荷重传感器的灵敏度以 mV／V 为单位。

下面以数字载荷仪为例介绍一下应变片的应用。

数字载荷仪是一种精密的袖珍仪表，配用各种传感器可以用来测量拉（压）力、应力、应变等。在机械、桥梁、建筑、船舶、铁路以及科研、国防中获得了广泛应用。

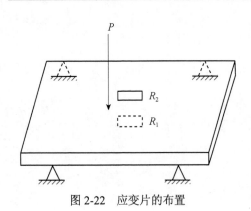

图 2-22　应变片的布置

1．应变片的布置

传感器使用电阻应变片，根据测试的需要，应变片可以接成单臂电桥、半桥和全桥。本测量电桥采用半桥方式。根据不同的测量对象，应变片的粘贴方式也不同。若测量水泥预制板承受载荷的能力，则应变片可以按图 2-22 所示方法粘贴。

2．测量电路

测量电路由测量电桥、测量放大器和 A／D 转换器等组成，如图 2-13 所示。

1）测量电桥

根据应变片电桥的理论，当 R_1、R_2 为应变片，R_3、R_4 为固定电阻（其阻值不随机械变形变化）组成半桥电路时，电桥的输出电压为

$$\Delta V = \frac{V_1}{4} = \left(\frac{\Delta R_1}{R_1} - \frac{\Delta R_2}{R_2}\right) = \frac{V_1}{4}\left[\frac{\Delta R}{R} - \left(\frac{\Delta R}{R}\right)\right] = 2 \times \frac{V_1}{4}\frac{\Delta R}{R}$$

电压输出与电阻变化成正比，而电阻变化是与应变成正比的。

测量水泥预制板时应选用栅长较长的应变片。

2）测量放大器

电桥的输出电压ΔV 较小，仅几毫伏或几百微伏，因此需要进行放大，采用通用运算放大器，由于其失调电压和漂移较大，有时甚至超过电桥的输出电压，测量失去意义。本书的测量放大器采用斩波稳零高精度低漂移运算放大器 ICL7650，它的失调电压和漂移仅为几微伏。这里的 7650 接成差动电压放大器，图中的 2×0.1μF 电容为防止电路自激用。7650 的输出端有两节 1MΩ–0.1μF 的低通滤波器，7650 内有开关调制电路，低通滤波器将由开关调制而产生的输出尖峰消除掉，这在许多高精度场合均要求采用，但它使电路的频带受到限制，一般都用于放大缓慢信号。

7650 的输入信号很小（几毫伏或几百微伏甚至小到几十微伏），因此，必须充分考虑印刷电路板的绝缘性能，以充分体现 7650 的高输入阻抗、低输入偏流的优点，印刷电路板必须用助焊剂 TCE 或酒精清洗，并用压缩空气吹干。但即使清洗过并涂上保护层的印刷电路板，输入引脚与相邻引脚之间因电位不同仍可能存在漏电，这种漏电可以用一个输入端保护环来有效减小。

3）A/D 转换器

A/D 转换器使用 ICL7126，这是一个 $3\frac{1}{2}$ 位 A/D 转换器，与 7106 基本相同。被 7650 放大的电桥输出电压送到 A/D 的两个输入端。A/D 转换器的计数值为

$$N = \frac{V_{iN}}{V_{REF}} \times 1000$$

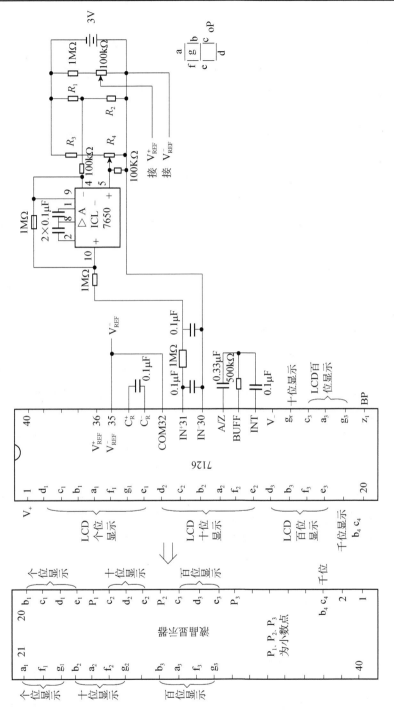

图 2-23　数字载荷仪的电路图

3. 调试

1）调零

当载荷仪没有加载时，电桥的输出应为零，运放 7650 的输出也应为零，但实际并非如此。因此，用 R_4 来调节运放的输出电压，使其在载荷为零的情况下，输出也为零。

2）比例调节

在载荷板上加已知的适当载荷，例如，加 N 吨重物，由 $N=\dfrac{V_{iN}}{V_{REF}}\times1000$ 可知，V_{iN} 即为运放的输出电压，V_{REF} 为 A／D 的参考电压，载荷一定时，V_{iN} 也一定，要想使 N 吨载荷在显示器上也显示出同数值，那么只有调节测量电桥中的 100K 多圈电位器，即调节 V_{REF} 才能显示 N 值，如图 2-23 所示。

习　题

1. 试列举金属丝电阻应变片与半导体应变片的相同点和不同点。

2. 绘图说明如何利用电阻应变片测量未知的力。

3. 热电阻传感器有哪几种？各有何特点及用途？

4. 电阻应变片阻值为 120Ω，灵敏系数 $K=2$，沿纵向粘贴于直径为 0.05m 的圆形钢柱表面，钢材的 $E=2\times10^{11}$N／m^2，$\mu=0.3$。求钢柱受 10t 拉力作用时，应变片电阻的相对变化量。若应变片沿钢柱圆周方向粘贴、受同样拉力作用，则应变片电阻的相对变化量为多少？

5. 有一额定负荷为 2t 的圆筒荷重传感器，在不承载时，四片应变片阻值均为 120Ω，传感器灵敏度为 0.82mV／V，应变片的 $K=2$，圆筒材料的 $\mu=0.3$，电桥电源电压 $U_i=2$V，当承载为 0.5t 时（R_1、R_3 沿轴向粘贴，R_2、R_4 沿圆周方向粘贴），求：（1）R_1、R_3 的阻值；（2）R_2、R_4 的阻值；（3）电桥输出电压 U_o；（4）每片应变片功耗 P_w。

6. 有一测量吊车起吊物重量的拉力传感器如图 2-24 所示。R_1、R_2、R_3、R_4 贴在等截面轴上。已知等截面轴的截面积为 0.00196 m^2，弹性模量 E 为 2.0×10^{11}N／m^2，泊松比为 0.30。R_1、R_2、R_3、R_4 标称阻值均为 120Ω，K 为 2.0，它们组成全桥如图 2-24（b）所示，桥路电压

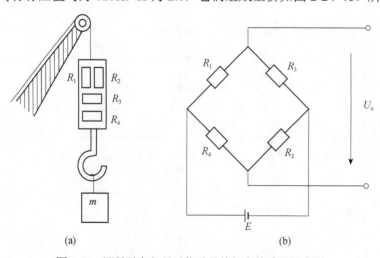

(a)　　　　　　　　　　　　　　(b)

图 2-24　测量吊车起吊重物重量的拉力传感器示意图

为 2V，测量输出电压为 2.6mV。求：

（1）等截面轴的纵向应变及横向应变。

（2）重物 m 有多少吨？

7．有一应变式等强度悬梁式力传感器，如图 2-25 所示。假设悬臂梁的热膨胀系数与应变片中的电阻热膨胀系数相等，$R_1=R_2$，构成半桥双臂电路。（1）求证：该传感器具有温度补偿功能；（2）设悬臂梁的厚度 $\delta=0.5\text{mm}$，长度 $l_0=15\text{mm}$，固定端的宽度 $b=18\text{mm}$，材料的弹性模量 $E=2.0\times10^5\text{N}/\text{mm}^2$，桥路的输入电压 $U_i=2\text{V}$；输出电压为 1.0mV，求作用力 F。

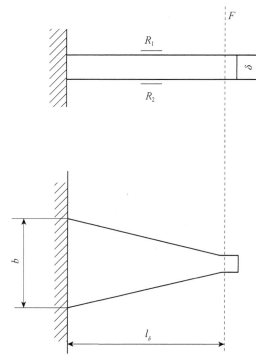

图 2-25 应变式等强度悬梁式力传感器

8．铜电阻的阻值 R_t 与温度 t 的关系可用下式表示，即

$$R_t=R_0（1+\alpha t）$$

已知铜电阻的 R_0 为 50Ω，温度系数 α 为 $3.9\times10^{-3}1/\text{℃}$，求温度为 100℃ 的铜电阻阻值。

第3章 电容式传感器

电容式传感器是以各种类型的电容器作为敏感元件，将被测物理量的变化转换为电容量的变化，再由转换电路（测量电路）转换为电压、电流或频率，以达到检测的目的。因此，凡是能引起电容量变化的有关非电量，均可用电容式传感器进行电测变换。

3.1 电容式传感器的工作原理

1. 基本工作原理

由两平行极板组成一个电容器，如图 3-1 所示，若忽略其边缘效应，则它的电容量可用下式表示，即

$$C = \frac{\varepsilon S}{\delta} = \frac{\varepsilon_0 \varepsilon_r S}{\delta}$$

式中，ε_0 为真空的介电常数，$\varepsilon_0 = \dfrac{1}{4\pi \times 9 \times 10^{11}} (\text{F/cm}) = \dfrac{1}{3.6\pi} (\text{pF/cm})$；$\varepsilon$ 为电容极板间介质的介电常数；ε_r 为介质的相对介电常数，对于空气，$\varepsilon_r = 1$。

单位：1 法拉（F）$=10^6$ 微法（μF）$=10^{12}$ 皮法（pF）或微微法（$\mu\mu$F）。

2. 变面积型电容式传感器

变面积型电容式传感器原理如图 3-2 所示。

$$C_0 = \frac{\varepsilon S}{\delta} = \frac{\varepsilon ab}{\delta}$$

$$C = \frac{\varepsilon S}{\delta} = \frac{\varepsilon (a - \Delta x) b}{\delta} = C_0 - \frac{\varepsilon b}{\delta} \cdot \Delta x$$

$$\Delta C = C_0 - C = \frac{\varepsilon b}{\delta} \cdot \Delta x$$

灵敏度：$K \uparrow = \dfrac{\Delta C}{\Delta x} = \dfrac{\varepsilon b \uparrow}{\delta \downarrow}$ （与 a 的大小无关）

问题：极板间距 δ 能否很小？不能。

图 3-1　电容器　　　　　　　　图 3-2　变面积型

3. 变介质介电常数型电容式传感器

1) 电容式液面计（液位传感器）

变介质介电常数型电容式传感器原理如图 3-3 所示。注：h_1 为待测高度。

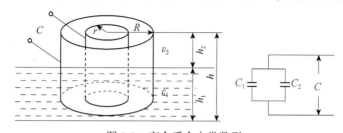

图 3-3 变介质介电常数型

$$C_1 = \frac{2\pi h_1 \varepsilon_1}{\ln\left(\dfrac{R}{r}\right)}$$

$$C_2 = \frac{2\pi h_2 \varepsilon_2}{\ln\left(\dfrac{R}{r}\right)} = \frac{2\pi(h - h_1)\varepsilon_2}{\ln\left(\dfrac{R}{r}\right)}$$

$$C = C_1 + C_2 = \frac{2\pi h_1 \varepsilon_1}{\ln\left(\dfrac{R}{r}\right)} + \frac{2\pi(h - h_1)\varepsilon_2}{\ln\left(\dfrac{R}{r}\right)} = \frac{2\pi h \varepsilon_2}{\ln\left(\dfrac{R}{r}\right)} + \frac{2\pi\left(\varepsilon_1 - \varepsilon_2\right)}{\ln\left(\dfrac{R}{r}\right)} \cdot h_1$$

$$= A + K h_1 = f(h_1)$$

结论：传感器的电容量 C 与液位高度 h 成正比。

2) 测湿（测厚）传感器

测厚传感器的原理如图 3-4（a）所示和等效图如图 3-4（b）所示。

$$C_1 = \frac{\varepsilon_1 S}{\delta - d}$$

$$C_2 = \frac{\varepsilon_2 S}{d}$$

$$C = \frac{C_1 C_2}{C_1 + C_2} = \frac{\dfrac{\varepsilon_1 S}{\delta - d} \cdot \dfrac{\varepsilon_2 S}{d}}{\dfrac{\varepsilon_1 S}{\delta - d} + \dfrac{\varepsilon_2 S}{d}} = \frac{S}{\dfrac{\delta - d}{\varepsilon_1} + \dfrac{d}{\varepsilon_2}}$$

结论：①若 d 不变，$C = g(\varepsilon_2)$，则为介电常数 ε 的测试传感器，如湿度传感器（粮食、纺织品，木材等）；②若 ε_2 不变，$C = h(d)$，则可用来测量纸张、绝缘薄膜等厚度的测厚传感器。

4. 变极板间距型电容式传感器

变极板间距型电容式传感器原理如图 3-5 所示，变间距与间隙 δ 关系如图 3-6 所示。

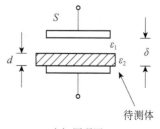

（a）原理图   （b）等效图

图 3-4 测厚传感器

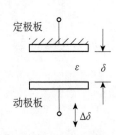

图 3-5　变极板间距型

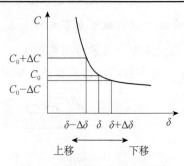

图 3-6　变间距与间隙 δ 关系

初始电容为

$$C_0 = \frac{\varepsilon S}{\delta}$$

若动极板上移 $\Delta\delta$，则

$$C = \frac{\varepsilon S}{\delta - \Delta\delta} = \frac{\varepsilon S}{\delta} \cdot \frac{1}{1 - \dfrac{\Delta\delta}{\delta}} = C_0 \frac{1}{1 - \dfrac{\Delta\delta}{\delta}}$$

若 $\dfrac{\Delta\delta}{\delta} \ll 1$，则上式可按级数展开，有

$$C = C_0 \left[1 + \frac{\Delta\delta}{\delta} + \left(\frac{\Delta\delta}{\delta} \right)^2 + \left(\frac{\Delta\delta}{\delta} \right)^3 + \cdots \right]$$

电容增量为

$$\Delta C = C - C_0 = C_0 \left[\frac{\Delta\delta}{\delta} + \left(\frac{\Delta\delta}{\delta} \right)^2 + \left(\frac{\Delta\delta}{\delta} \right)^3 + \cdots \right]$$

电容量的相对变化为

$$\frac{\Delta C}{C_0} = \frac{\Delta\delta}{\delta} \left[1 + \frac{\Delta\delta}{\delta} + \left(\frac{\Delta\delta}{\delta} \right)^2 + \cdots \right]$$

同理，若动极板下移 $\Delta\delta$，则

$$C = \frac{\varepsilon S}{\delta + \Delta\delta} = \frac{\varepsilon S}{\delta} \cdot \frac{1}{1 + \dfrac{\Delta\delta}{\delta}} = C_0 \frac{1}{1 + \dfrac{\Delta\delta}{\delta}}$$

$$\frac{\Delta C}{C_0} = \frac{\Delta\delta}{\delta} \left[1 - \frac{\Delta\delta}{\delta} + \left(\frac{\Delta\delta}{\delta} \right)^2 - \cdots \right]$$

略去高次项，有

$$\frac{\Delta C}{C_0} \approx \frac{\Delta\delta}{\delta} \quad （近似线性关系）$$

灵敏度为

$$K \uparrow = \frac{\Delta C}{\Delta \delta} = \frac{\varepsilon S}{\delta^2} \downarrow$$

非线性误差为

$$r = \frac{\left| \left(\dfrac{\Delta C}{C_0} \right)_{\text{实际}} - \left(\dfrac{\Delta C}{C_0} \right)_{\text{理想}} \right|}{\left| \left(\dfrac{\Delta C}{C_0} \right)_{\text{理想}} \right|} \approx \frac{\left| \left(\dfrac{\Delta \delta}{\delta} \right)^2 \right|}{\left| \dfrac{\Delta \delta}{\delta} \right|} \times 100\% = \left| \frac{\Delta \delta}{\delta} \right| \times 100\%$$

　　结论：①欲提高灵敏度，应减少起始间隙 δ，但受电容器击穿电压的限制；②为了保证一定的线性度，即减小非线性误差，应限制动极板的相对位量；③为了改善非线性，应采用差动式结构。

5. 差动式电容传感器

　　在实际应用中，为了提高传感器的灵敏度，常做成差动形式的，如图 3-7 所示。改变极板间距离的差动电容传感器原理图，中间一片为动片，两边的两片为定片，当动片移动距离 x 后，一边的间隙变为 $d-x$，而另一边则变为 $d+x$。图 3-8 是改变极板间遮盖面积的差动电容传感器的原理图，而中间的为动片，当动片向上移动时，与上极片的遮盖面积增加，而与下极片的遮盖面积减小，两者变化的数值相等，反之亦然。

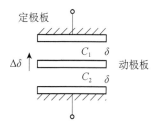

图 3-7　差动电容传感器原理图

　　若动极板上移，则

$$C_1 = C_0 \left[1 + \frac{\Delta \delta}{\delta} + \left(\frac{\Delta \delta}{\delta} \right)^2 + \left(\frac{\Delta \delta}{\delta} \right)^3 + \cdots \right]$$

$$C_2 = C_0 \left[1 - \frac{\Delta \delta}{\delta} + \left(\frac{\Delta \delta}{\delta} \right)^2 - \left(\frac{\Delta \delta}{\delta} \right)^3 + \cdots \right]$$

$$\Delta C = C_1 - C_2 = C_0 \left[2 \frac{\Delta \delta}{\delta} + 2 \left(\frac{\Delta \delta}{\delta} \right)^3 + 2 \left(\frac{\Delta \delta}{\delta} \right)^5 + \cdots \right]$$

$$\frac{\Delta C}{C_0} = 2 \frac{\Delta \delta}{\delta} \left[1 + \left(\frac{\Delta \delta}{\delta} \right)^2 + \left(\frac{\Delta \delta}{\delta} \right)^4 + \cdots \right]$$

忽略高次项，则

$$\frac{\Delta C}{C_0} \approx 2 \frac{\Delta \delta}{\delta}$$

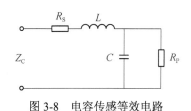

图 3-8　电容传感等效电路

灵敏度为

$$K = \frac{\Delta C}{\Delta \delta} = \frac{2 \varepsilon S}{\delta^2}$$

非线性误差为

$$r = \frac{\left|\left(\dfrac{\Delta C}{C_0}\right)_{实际} - \left(\dfrac{\Delta C}{C_0}\right)_{理想}\right|}{\left|\left(\dfrac{\Delta C}{C_0}\right)_{理想}\right|} \approx \frac{\left|2\left(\dfrac{\Delta \delta}{\delta}\right)^3\right|}{\left|2\dfrac{\Delta \delta}{\delta}\right|} \times 100\% = \left(\frac{\Delta \delta}{\delta}\right)^2 \times 100\%$$

结论：差动式电容传感器比单一电容传感器的灵敏度提高一倍，而且非线性误差大大降低。

3.2　电容式传感器的等效电路

1. 等效电路

图 3-9 中，R_p 为并联损耗电阻，包括电极间直流漏电阻和气隙中介质损耗；R_S 为串联损耗电阻，包括引线电阻、金属接线柱电阻和电容极板电阻；L 为传感器各连线端间的总电感。

$$Z_C = \left(R_S + \frac{R_p}{1+\omega^2 R_p^2 C^2}\right) - j\left(\frac{\omega R_p^2 C}{1+\omega^2 R_p^2 C^2} - \omega L\right)$$

因为 R_p 很大，如图 3-9 所示，故

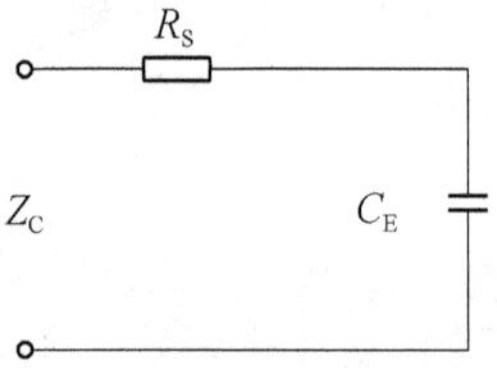

图 3-9　等效电容电路

$$Z_C \approx R_S - j\frac{1-\omega^2 LC}{\omega C} = R_S + \frac{1}{j\dfrac{\omega C}{1-\omega^2 LC}} = R_S + \frac{1}{j\omega C_E}$$

等效电容为

$$C_E = \frac{C}{1-\omega^2 LC} = \frac{C}{1-\left(\dfrac{f}{f_0}\right)^2}$$

式中，$f_0 = \dfrac{1}{2\pi\sqrt{LC}}$ 为电路谐振频率，应选择电源频率 $f < f_0$。

2. 高阻抗、小功率

由于电容式传感器的几何尺寸较小，一般电容量 C 很小，容抗 $X_C = \dfrac{1}{\omega C}$ 很大，视在功率（$P_C = UI = U^2\omega C$）很小。

3.3　电容式传感器的测量电路

1. 电桥测量线路

1）交流不平衡电桥

变压器桥路框图如图 3-10 所示。

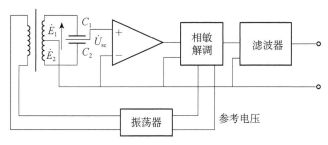

图 3-10　变压器桥路框图

如图 3-11 所示，Z_f 为放大器的输入阻抗。

$$Z_f \rightarrow \infty$$

$$\dot{E}_1 = \dot{E}_2 = \dot{E}$$

2）交流平衡电桥

以飞机上一种电容式油量表为例（自动平衡电桥电路），如图 3-12 所示。

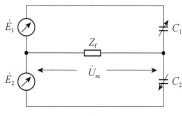

图 3-11　等效电路图

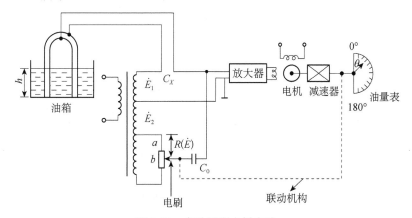

图 3-12　自动平衡电桥电路

已知：油箱中无油时，起始电容 $C_X = C_{X0}$，电刷位于 a 点，即 $R=0$，$E=0$，此时电桥平衡，电桥输出电压为 0，电机不转动，$\theta = K_2 E = 0°$，仪表指针指在零位上。

初始电桥平衡条件为

$$\frac{\dfrac{1}{\mathrm{j}\omega C_{X0}}}{\dfrac{1}{\mathrm{j}\omega C_{X0}}+\dfrac{1}{\mathrm{j}\omega C_0}}\left(\dot{E}_1+\dot{E}_2\right)-\dot{E}_1=0$$

$$\Rightarrow \dot{E}_1\cdot C_{X0}=\dot{E}_2\cdot C_0$$

当油量液位升高 h 时，有

$$C_X=C_{X0}+\Delta C_X=C_{X0}+K_1h$$

电桥平衡被破坏，电桥产生输出电压，电机转动，带动电刷、仪表指针移动，使电桥重新恢复平衡，此时，电刷、仪表指针停止移动。

$$\dot{E}_1\left(C_{X0}+\Delta C_X\right)=\left(\dot{E}_2+\dot{E}\right)C_0$$

$$\dot{E}=\frac{\dot{E}_1}{C_0}\Delta C_X=\frac{\dot{E}_1}{C_0}K_1h$$

因

$$\theta=K_2E$$

故

$$\theta=\frac{E_1}{C_0}K_1K_2h$$

2. 差动脉冲宽度调制电路

研究输出方波脉冲宽度与 C_1 和 C_2 的关系，如图 3-13 所示。

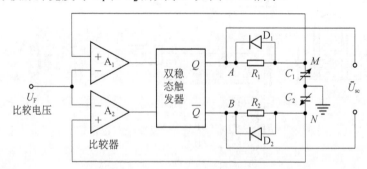

图 3-13　差动脉冲宽度调制电路

工作原理

当电源接通时，$Q=1$（高电平），$\bar{Q}=0$（低电平）。A 点经过 R_1 对 C_1 充电，至 $U_M=U_F$，A_1 产生一脉冲，使触发器翻转，$Q=0$，$\bar{Q}=1$，此时，M 点通过 D_1 迅速放电至 0；同时，B 点经过 R_2 对 C_2 充电，至 $U_N=U_F$，A_2 产生一脉冲，使触发器翻转，$Q=1$，$\bar{Q}=0$。

（1）若 $C_1 = C_2$ ， $R_1 = R_2$ ，则 $T_1 = T_2$ 。

如图 3-14 所示， A 、 B 点的平均输出电压为

$$U_{AP} = \frac{T_1}{T_1 + T_2} U_1$$

$$U_{BP} = \frac{T_2}{T_1 + T_2} U_1$$

$$\bar{U}_{sc} = U_{AP} - U_{BP} = \frac{T_1 - T_2}{T_1 + T_2} U_1$$

$$= 0$$

（2）若 $C_1 > C_2$ ， $R_1 = R_2$ ，如图 3-15 所示，则 A 、 B 点的平均输出电压为

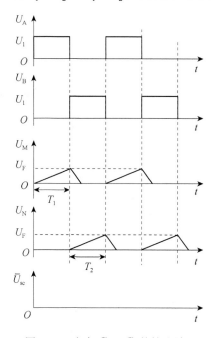

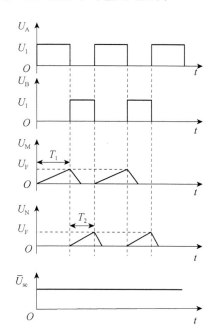

图 3-14 电容 $C_1 = C_2$ 的输出波形　　图 3-15 电容 $C_1 > C_2$ ， $R_1 = R_2$ 的输出波形

$$U_{AP} = \frac{T_1}{T_1 + T_2} U_1$$

$$U_{BP} = \frac{T_2}{T_1 + T_2} U_1$$

$$\bar{U}_{sc} = U_{AP} - U_{BP} = \frac{T_1 - T_2}{T_1 + T_2} U_1$$

$$U_M = U_1 \left(1 - e^{-\frac{t}{R_1 C_1}} \right)$$

$$\Rightarrow U_{\mathrm{F}} = U_1\left(1 - \mathrm{e}^{-\frac{T_1}{R_1 C_1}}\right)$$

$$T_1 = R_1 C_1 \ln\frac{U_1}{U_1 - U_{\mathrm{F}}}$$

同理，可得

$$T_2 = R_2 C_2 \ln\frac{U_1}{U_1 - U_{\mathrm{F}}}$$

$$\bar{U}_{\mathrm{sc}} = \frac{T_1 - T_2}{T_1 + T_2}U_1 = \frac{C_1 - C_2}{C_1 + C_2}U_1 = \frac{\dfrac{\varepsilon S}{\delta_0 - \Delta\delta} - \dfrac{\varepsilon S}{\delta_0 + \Delta\delta}}{\dfrac{\varepsilon S}{\delta_0 - \Delta\delta} + \dfrac{\varepsilon S}{\delta_0 + \Delta\delta}}U_1 = \frac{\Delta\delta}{\delta_0}U_1$$

3.4　电容式传感器应用举例

1. 电缆芯偏心测量

在图 3-16 中绘出了测量电缆芯的偏心原理图，在实际应用中是用两对极筒（图中只画出一对），分别测出在 x 方向和 y 方向的偏移量，再经计算得出偏心值。

2. 晶体管电容料位指示仪

这种仪器是用来监视密封料仓内导电性不良的松散物质的料位，并能对加料系统进行自动控制（或作为人体控制的感应开关）。

在仪器的面板上装有指示灯：红灯指示"料位上限"，绿灯指示"料位下限"。当红灯亮时，表示料面已经达到上限，此时应停止加料；当红灯熄灭，绿灯仍然亮时，

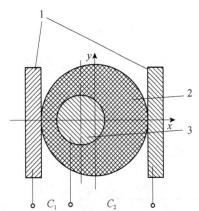

图 3-16　测量电缆芯的偏心原理图

表示料面在上、下限之间；当绿灯熄灭时，表示料面低于下限，这时应加料。

电容传感器是悬挂在料仓里的金属探头，利用它对大地的分布电容进行检测。在料仓中上、下限各设有一个金属探头。晶体管电容料位指示仪的电路原理图如图 3-17 所示，直流稳

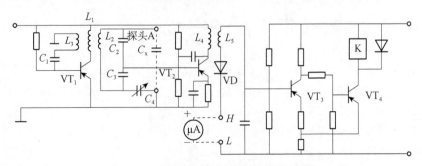

图 3-17　晶体管电容料位指示仪原理图

压电源部分没有画出，整个电路可分成两部分：信号转换电路和控制电路。

信号转换是通过阻抗平衡电桥来实现的，当 $C_2 C_4 = C_x C_3$ 时，电桥平衡。由于 $C_2 = C_3$，调整 C_4，使 $C_4 = C_x$ 时电桥平衡。C_x 是探头对地的分布电容，它直接和料面有关，当料面增加时，C_x 值将随着增加，使电桥失去平衡，按其大小可判断料面情况。电桥电压由 VT$_1$ 和 LC 回路组成的振荡器供电，其振荡频率约为 70kHz，其幅值约为 250mV。电桥平衡时，无输出信号；当料面变化引起 C_x 变化时，使电桥失去平衡，电桥输出交流信号。交流信号经 VT$_2$ 放大后，由 VD 检波变成直流信号。

控制电路是由 VT$_3$ 及 VT$_4$ 组成的射极耦合触发器（施密特触发器）和它所带动的继电器 K 组成的。由信号转换电路送来的直流信号，当其幅值达到一定值后，使触发器翻转，此时 VT$_4$ 由截止状态转换为饱和状态，使继电器 K 吸合，其触点去控制相应的电路和指示灯，指示料面已达到某一定值。

此仪器的调整是在料面较低时将电路图 3-17 中 H、L 两点断开，串联电流表。分档精细地调整，使电流表在 50μA 档时，调整 C_4 使指针精确指零。将表拆除，H、L 两点短接起来，这时如果用手靠近探头，则指示灯会亮，离开就会熄灭。

在安装电容传感器（探头）时，为了减少探头对大地的固有电容，采用相串联的两只高压瓷瓶作为绝缘体，效果较好。为了避免上、下两探头在一个料仓里互相干扰，要求两探头之间的距离不小于 1m。为减小引线间电容和杂散电容，探头接线不能过长。本仪器的信号转换电路部分要安装在探头上面的铁盒子里，而探头与铁盒的连线采用单股粗铜丝。

3. 电容式油量表

图 3-18 所示为应用电容式传感器测量油箱液位的电容式油量表示意图。

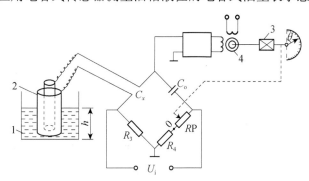

图 3-18　电容式油量表示意图

1-油箱；2-圆柱形电容器；3-减速器；4-伺服电机

当油箱中无油时，电容传感器的电容量为 C_{xo}，调节匹配电容使 $C_o = C_{xo}$，并使可变电阻 RP 的滑动臂位于 0 点，即 RP 的电阻为 0。此时 $C_{xo} / C_o = R_4 / R_3$，电桥满足平衡条件，电桥输出为零。伺服电机不转动，油量表指针偏转角 $\theta = 0$。

当油箱中油量增加，液位上升至 h 处时，$C_x = C_{xo} + \Delta C_x$，而 ΔC_x 与 h 成正比，此时电桥失去平衡，电桥输出电压放大后驱动伺服电机，经减速后带动指针偏转，同时使可变电阻 RP 的滑动臂移动，从而使 RP 阻值增大。当 RP 阻值达到一定值时，电桥又达到新的平衡状态，于是电机停转，指针停留在转角 θ 处。

由于指针及可变电阻的滑动臂同时为伺服电机所带动，所以 R 与 θ 间存在着确定的对应关系，即 θ 正比于 R，而 R 又正比于液位高度 h。因此可直接从刻度盘上读得液位高度 h。

习　　题

1.电容式传感器可分为哪几类？各自的主要用途是什么？

2.为什么电容式传感器的绝缘、屏蔽和电缆问题特别重要？设计和应用中如何解决这些问题？

3.根据工作原理可将电容式传感器分为哪几种类型？各自用途是什么？

4.电容式传感器有什么主要特点？试举出你所知道的电容传感器的实例。

5.图 3-19 所示为差动筒形电容传感器及转换电路。求证:当测杆上升 Δh 时，$\dot{U}_0 = \dfrac{\Delta h}{2h_0}\dot{U}$。

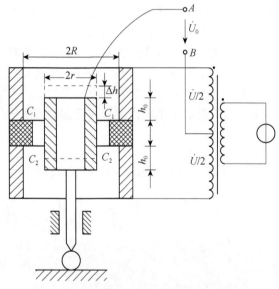

图 3-19　差动筒形电容传感器及转换电路

6.粮食部门在收购、存储粮食时，需测定粮食的干燥程度，以防霉变。请你根据已学过的知识设计一个粮食水分测试仪（画出原理框图、传感器简图，并简要说明它的工作原理及优缺点）。

第4章 电感式传感器

用 R、L、C 三种元件构成的传感器是最古老，也是应用最广泛的传感器。电感式传感器是利用电磁感应原理，将被测非电量的变化转换成线圈的电感（或互感）变化的一种机电转换装置。利用电感式传感器可以把连续变化的线位移或角位移转换成线圈的自感或互感的连续变化，经过一定的转换电路再变成电压或电流信号以供显示。它除了可以对直线位移或角位移进行直接测量，还可以通过一定的感受机构对一些能够转换成位移量的其他非电量，如振动、压力、应变、流量等进行检测。

电感式传感器很多，可分为自感式和互感式两大类。人们习惯上讲电感式传感器通常指自感式传感器，而互感式传感器，由于它是利用变压器原理，又往往做成差动式，所以常称为差动变压器式传感器。

1. 电感式传感器

利用线圈电感或互感的改变来实现非电量（位移、振动、压力、流量等）的测量（图 4-1）。

图 4-1　电感式传感器测量

2. 分类

1）变磁阻式传感器

将位移、转速、加速度等非电物理量转换为磁阻变化的传感器。它包括电感式传感器、变压器式传感器和电涡流式传感器。

变磁阻式转速传感器属于变磁阻式传感器。变磁阻式传感器的三种基本类型，电感式传感器、变压器式传感器和电涡流式传感器都可制成转速传感器。电感式转速传感器应用较广，它利用磁通变化而产生感应电势，其电势大小取决于磁通变化的速率。这类传感器按结构不同又分为开磁路式和闭磁路式两种。开磁路式转速传感器结构比较简单，输出信号较小，不宜在振动剧烈的场合使用。闭磁路式转速传感器由装在转轴上的外齿轮、内齿轮、线圈和永久磁铁构成。内、外齿轮有相同的齿数。当转轴连接到被测轴上一起转动时，由于内、外齿轮的相对运动，产生磁阻变化，在线圈中产生交流感应电势。测出电势的大小便可测出相应转速值。

2）互感式传感器

互感式传感器的工作原理是利用电磁感应中的互感现象，将被测位移量转换成线圈互感的变化。由于常采用两个次级线圈组成差动式，所以又称差动变压器式传感器。

差动变压器式传感器输出的电压是交流量，若用交流电压表指示，则输出值只能反映铁心位移的大小，而不能反映移动的极性；同时，交流电压输出存在一定的零点残余电压，使活动衔铁位于中间位置时，输出也不为零。因此，差动变压器式传感器的后接电路应采用既能反应铁心位移极性，又能补偿零点残余电压的差动直流输出电路。

差动变压器式传感器的优点是：测量精度高，可达 0.1μm；线性范围大，可到±100mm；稳定性好，使用方便。因而被广泛应用于直线位移，或可能转换为位移变化的压力、重量等参数的测量。

3）涡流式传感器

电涡流传感器能静态和动态地非接触，高线性度、高分辨力地测量被测金属导体距探头表面的距离。它是一种非接触的线性化计量工具。电涡流传感器能准确测量被测体（必须是金属导体）与探头端面之间静态和动态的相对位移变化。

根据法拉第电磁感应原理，块状金属导体置于变化的磁场中或在磁场中作切割磁力线运动时（与金属是否块状无关，且切割不变化的磁场时无涡流），导体内将产生呈涡旋状的感应电流，此电流称为电涡流，以上现象称为电涡流效应。而根据电涡流效应制成的传感器称为电涡流式传感器。

4.1 变磁阻式传感器

螺管插铁型电感传感器由螺管线圈和与被测物体相连的柱型衔铁构成。其工作原理基于线圈磁力线泄漏路径上磁阻的变化。衔铁随被测物体移动时改变了线圈的电感量。这种传感器的量程大、灵敏度低、结构简单、便于制作。

分类：自感式（Π型）、差动式（E型）、螺管型。

4.1.1 自感式传感器

自感式传感器是利用线圈自感量的变化来实现测量的，它由线圈、铁心和衔铁三部分组成。铁心和衔铁由导磁材料如硅钢片或坡莫合金制成，在铁心和衔铁之间有气隙，传感器的运动部分与衔铁相连。当被测量变化时，使衔铁产生位移，引起磁路中磁阻变化，从而导致电感线圈的电感量变化，因此只要能测出这种电感量的变化，就能确定衔铁位移量的大小和方向。

这种传感器是变磁阻式传感器中的一种，另外两种分别为差动式传感器与气涡流式传感器。

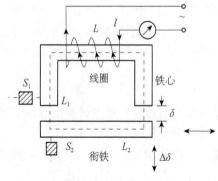

图 4-2　工作原理图

1. 结构和工作原理

组成：由线圈、铁心、衔铁三部分组成。

自感式电感传感器在测量位移和尺寸领域的应用，具有代表性的便是电感测厚仪。通过将测微螺杆调节到给定厚度值，该厚度值可由度盘读出。被测带在上下测量滚轮之间通过，通过杠杆使铁心上下移动，从而改变线圈电感的变化由相应的电桥电路测出，测出带材厚度的偏差值，如图 4-2 所示。

2. 工作原理

衔铁移动 ——→ 磁路中气隙磁阻变化 ——→ 线圈的电感值的变化

根据电工学理论，有

$$L = \frac{N^2}{R_M} \, , \quad R_M = R_F + R_\delta$$

$$R_F = \frac{L_1}{\mu_1 S_1} + \frac{L_2}{\mu_2 S_2} \, , \quad R_\delta = \frac{2\delta}{\mu_0 S}$$

式中，N 为线圈匝数；R_M 为磁路的总磁阻；R_F 为铁心、衔铁的磁阻；R_δ 为空气隙磁阻；μ_1、μ_2、μ_0 为铁心、衔铁、空气的导磁率；S_1、S_2、S 为铁心、衔铁、空气隙的横截面积。

因为 μ_1、$\mu_2 >> \mu_0 \Rightarrow R_F << R_\delta$（忽略 R_F）$\Rightarrow R_M \approx R_\delta$

所以，线圈电感为

$$L = \frac{N^2}{R_M} \approx \frac{N^2}{R_\delta} = \frac{\mu_0 S N^2}{2\delta}$$

3. 结论

电感式传感器分为：①S 不变，变气隙厚度 δ 的传感器（测量线位移）；②δ 不变，变气隙面积 S 的传感器（测量角位移）。

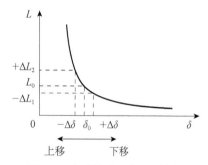

图 4-3　自感传感器的 L-δ 特性

4. 变气隙式自感传感器的输出特性

变间隙型电感传感器的气隙 δ 随被测量的变化而改变，从而改变磁阻，如图 4-3 所示。它的灵敏度和非线性都随气隙的增大而减小，因此常要考虑两者兼顾。δ 一般在 0.1～0.5mm。

初始电感量为

$$L_0 = \frac{\mu_0 S N^2}{2\delta_0}$$

若衔铁下移 $\Delta\delta$，则

$$\delta = \delta_0 + \Delta\delta$$

$$L = \frac{\mu_0 S N^2}{2(\delta_0 + \Delta\delta)}$$

$$\Delta L_1 = L_0 - L = \frac{\mu_0 S N^2}{2\delta_0} - \frac{\mu_0 S N^2}{2(\delta_0 + \Delta\delta_0)} = L_0 \left(\frac{\Delta\delta}{\delta_0 + \Delta\delta}\right)$$

$$\frac{\Delta L_1}{L_0} = \frac{\Delta\delta}{\delta_0 + \Delta\delta} = \frac{\Delta\delta}{\delta_0} \cdot \frac{1}{1 + \frac{\Delta\delta}{\delta_0}}$$

当 $\dfrac{\Delta\delta}{\delta_0} \ll 1$ 时，上式展开成级数形式为

$$\frac{\Delta L_1}{L_0} = \frac{\Delta\delta}{\delta_0}\left[1 - \frac{\Delta\delta}{\delta_0} + \left(\frac{\Delta\delta}{\delta_0}\right)^2 - \left(\frac{\Delta\delta}{\delta_0}\right)^3 + \cdots\right]$$

$$\frac{\Delta L_1}{L_0} \approx \frac{\Delta\delta}{\delta_0}$$

同理，若衔铁上移 $\Delta\delta$，则

$$\delta = \delta_0 - \Delta\delta$$

$$L = \frac{\mu_0 S N^2}{2(\delta_0 - \Delta\delta)}$$

$$\Delta L_2 = L - L_0 = \frac{\mu_0 S N^2}{2(\delta_0 - \Delta\delta)} - \frac{\mu_0 S N^2}{2\delta_0} = L_0\left(\frac{\Delta\delta}{\delta_0 - \Delta\delta}\right)$$

$$\frac{\Delta L_2}{L_0} = \frac{\Delta\delta}{\delta_0 - \Delta\delta} = \frac{\Delta\delta}{\delta_0}\cdot\frac{1}{1 - \dfrac{\Delta\delta}{\delta_0}}$$

$$\frac{\Delta L_2}{L_0} = \frac{\Delta\delta}{\delta_0}\left[1 + \frac{\Delta\delta}{\delta_0} + \left(\frac{\Delta\delta}{\delta_0}\right)^2 + \left(\frac{\Delta\delta}{\delta_0}\right)^3 + \cdots\right]$$

$$\frac{\Delta L_2}{L_0} \approx \frac{\Delta\delta}{\delta_0}$$

灵敏度为

$$K = \frac{\Delta L}{\Delta\delta} = \frac{L_0}{\delta_0}$$

5. 结论

ΔL_1（ΔL_2）与 $\Delta\delta$ 呈非线性关系，高次项是非线性的主要原因。当 $\dfrac{\Delta\delta}{\delta_0}$ 越小时，高次项迅速减少，非线性得到改善，所以，用于测量微小的位移量是比较精确的。为了减小非线性误差，实际测量中广泛采用差动式电感传感器。

6. 自感传感器的等效电路分析

R_c 为线圈的铜损耗电阻；R_e 为铁心的涡流损耗电阻；C 为线圈的寄生电容。等效电路如图 4-4 所示。

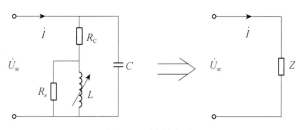

图 4-4　等效电路

若忽略 R_c、R_e、C 则

$$\dot{I} = \frac{\dot{U}_{sr}}{Z} \approx \frac{\dot{U}_{sr}}{j\omega L} = \frac{\dot{U}_{sr}}{j\omega \dfrac{\mu_0 SN^2}{2\delta}} = \frac{2\delta \dot{U}_{sr}}{j\mu_0 \omega SN^2}$$

$$\left| \dot{I} \right| \propto \delta$$

如图 4-5 所示，实际上，存在起始电流 $I_n \neq 0$，因为 $\delta = 0$，$R_\delta = 0$，所以 R_F 与 R_δ 相比不能忽略，$L = \dfrac{N^2}{R_F}$。随着 $\delta \uparrow \Rightarrow j\omega L \downarrow$，气隙 δ 很大时，R_c 与 $j\omega L$ 相比不能忽略，这时最大电流 I_m 将趋向一个稳定值 $I_m = \dfrac{\left| \dot{U}_{sr} \right|}{R_C}$。

结论：测量电路特性的非线性，以及存在起始电流，使其不适用于精密测量。

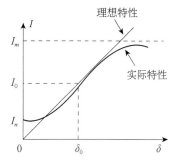

图 4-5　理想-实际的特性

4.1.2　差动自感传感器

差动式 E 型电感传感器。

采用差动式结构：①可以改善非线性，提高灵敏度和测量的准确性；②电源电压、频率的波动及温度变化等外界影响也有补偿作用，作用在衔铁上的电磁力，由于是两个线圈磁通产生的电磁力之差，所以对电磁吸力有一定的补偿作用，提高抗干扰性。

1. 结构和工作原理

差动变压器主要是由一个线框和一个铁心组成的，在线框上绕有一组初级线圈作为输入线圈（或称一次线圈），在同一线框上另绕两组次级线圈作为输出线圈（或称二次线圈），并在线框中央圆柱孔中放入铁心，当初级线圈加以适当频率的电压激励时，根据变压器作用原理，在两个次级线圈中就会产生感应电势，当铁心向右或向左移动时，在两个次级线圈内所感应的电势一个增加一个减少，如图 4-6 所示。如果输出接成反向串联，则传感器的输出电压 u 等于两个次级线圈的电势差，两个次级线圈做得一样，因此，当铁心在中央位置时，传感器的电压 u 为 0，当铁心移动时，传感器的输出电压 u 就随铁心位移 x 呈线性增加。如果以适当的方法测量 u，则可以得到与 x 成比例的线性读数。

2. 输出特性

分析输出特性，如图 4-7 所示。

$$\Delta L = L_1 - L_2 = \Delta L_1 + \Delta L_2$$

$$= 2L_0 \left[\frac{\Delta\delta}{\delta_0} + \left(\frac{\Delta\delta}{\delta_0} \right)^3 + \left(\frac{\Delta\delta}{\delta_0} \right)^5 + \cdots \right]$$

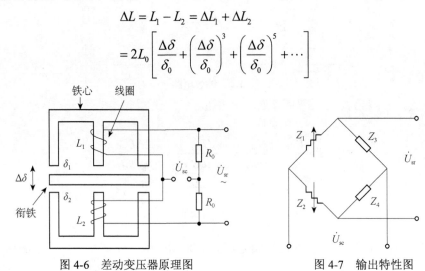

图 4-6　差动变压器原理图　　　　　　图 4-7　输出特性图

忽略高次项，有

$$\Delta L \approx 2L_0 \frac{\Delta\delta}{\delta_0}$$

灵敏度为

$$K = \frac{\Delta L}{\Delta\delta} = \frac{2L_0}{\delta_0}$$

结论：差动式电感传感器的灵敏度比单个电感传感器提高一倍；非线性误差降低。

3. 测量电路

1）起始位置（衔铁在中间）

$$\delta_1 = \delta_2 = \delta_0$$

$$L_{10} = L_{20} = \frac{\mu_0 S N^2}{2\delta_0} , \quad Z_{10} = Z_{20} = Z_0 = R_c + j\omega L_0 , \quad Z_3 = Z_4 = R_0$$

式中，R_c 为电感线圈的铜电阻。

电桥平衡 $\Rightarrow \dot{U}_{sc} = 0$

2）衔铁上移 $\Delta\delta$

$$Z_1 = Z_0 + \Delta Z_1 , \quad Z_2 = Z_0 - \Delta Z_2$$

$$\Delta Z_1 = j\omega\Delta L_1 , \quad \Delta Z_2 = j\omega\Delta L_2$$

$$\dot{U}_{sc} = \dot{U}_{sr}\left(\frac{Z_1}{Z_1 + Z_2} - \frac{Z_3}{Z_3 + Z_4}\right) = \frac{\dot{U}_{sr}}{2}\left(\frac{\Delta Z_1 + \Delta Z_2}{2Z_0 + \Delta Z_1 - \Delta Z_2}\right)$$

因

$$\Delta Z_1 \ll Z_0, \quad \Delta Z_2 \ll Z_0$$

故

$$\dot{U}_{sc} \approx \frac{\dot{U}_{sr}}{2}\left(\frac{\Delta Z_1 + \Delta Z_2}{2Z_0}\right) = \frac{\dot{U}_{sr}}{4} \cdot \frac{j\omega(\Delta L_1 + \Delta L_2)}{R_c + j\omega L_0} \approx \frac{\dot{U}_{sr}}{4} \cdot \frac{\Delta L}{L_0} = \frac{\dot{U}_{sr}}{2} \cdot \frac{\Delta\delta}{\delta_0}$$

（忽略线圈铜损耗电阻 R_c）

3）衔铁下移 $\Delta\delta$

$$\dot{U}_{sc} \approx -\frac{\dot{U}_{sr}}{4} \cdot \frac{\Delta L}{L_0} = -\frac{\dot{U}_{sr}}{2} \cdot \frac{\Delta\delta}{\delta_0}$$

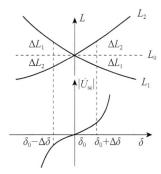

结论：衔铁向上、向下移动时，输出电压大小相等，但方向相反（图 4-8）。由于 $\dot{U}_{sc}$ 是交流电压，输出指示无法判断出位移方向，必须采用相敏检波器才可鉴别出输出电压的极性随位移方向变化而变化。

图 4-8　衔铁向上、下移时电压输出极性

4.2　互感（差动变压器）式传感器

1. 结构与工作原理

螺管形差动变压器结构如图 4-9 所示。

组成：铁心、线圈（初级线圈、次级线圈）。

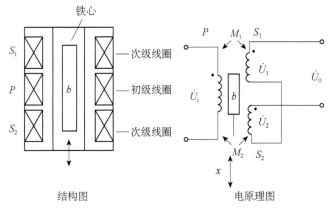

图 4-9　螺管形差动变压器结构原理图

工作原理如下。

$$M = f(x)$$

当铁心位于线圈中心位置时，$M_1 = M_2$，$\dot{U}_1 = \dot{U}_2$，$\dot{U}_0 = 0$。

当铁心向上移动时，$M_1 > M_2$，$\dot{U}_1 > \dot{U}_2$，$\dot{U}_0 \neq 0$，与 $\dot{U}_1$ 同极性。

当铁心向下移动时，$M_1 < M_2$，$\dot{U}_1 < \dot{U}_2$，$\dot{U}_0 \neq 0$，与 $\dot{U}_2$ 同极性。

2. 等效电路

螺管形差动变压器如图 4-10 所示。

图 4-10 中，R_1 为初级线圈损耗电阻，R_{21}、R_{22} 为次级线圈损耗电阻。

理想情况下（忽略线圈寄生电容、铁心损耗以及导磁体磁阻），次级线圈开路时初级线圈的电流为

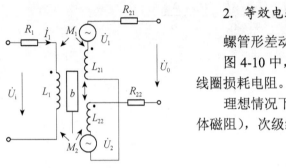

图 4-10　等效电路

$$\dot{I}_1 = \frac{\dot{U}_i}{R_1 + j\omega L_1}$$

次级线圈的感应电势为

$$\dot{U}_1 = -j\omega M_1 \dot{I}_1$$

$$\dot{U}_2 = -j\omega M_2 \dot{I}_1$$

空载输出电压为

$$\dot{U}_0 = \dot{U}_1 - \dot{U}_2 = -j\omega(M_1 - M_2)\frac{\dot{U}_i}{R_1 + j\omega L_1}$$

输出电压的幅值为

$$U_0 = \frac{\omega(M_1 - M_2)U_i}{\sqrt{R_1^2 + (\omega L_1)^2}}$$

分三种情况讨论。

（1）铁心处于中间位置时，$M_1 = M_2 = M$，$U_0 = 0$。

（2）铁心上移时，$M_1 = M + \Delta M$，$M_2 = M - \Delta M$。

$$U_0 = \frac{2\omega\Delta M U_i}{\sqrt{R_1^2 + (\omega L_1)^2}}，\quad 与 \dot{U}_1 同相$$

（3）铁心下移时，$M_1 = M - \Delta M$，$M_2 = M + \Delta M$。

$$U_0 = -\frac{2\omega\Delta M U_i}{\sqrt{R_1^2 + (\omega L_1)^2}}，\quad 与 \dot{U}_2 同相（与 \dot{U}_1 反相）$$

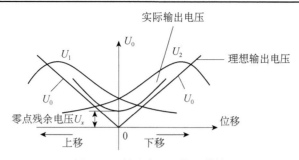

图 4-11 差动变压器输出特性

图 4-11 中，U_x 为零点残余电压（几十毫伏以下），产生的原因是变压器的制作工艺和导磁体安装等问题。

3. 测量电路

为了反映衔铁移动的方向和消除零点残余电压，常采用差动整流电路和相敏检波电路，如图 4-12 所示。

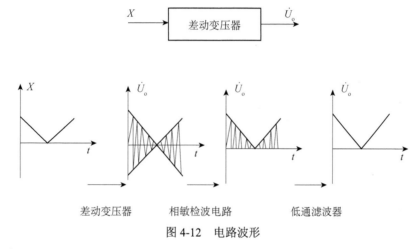

图 4-12 电路波形

1）差动整流电路

全波差动整流电路如图 4-13 所示。

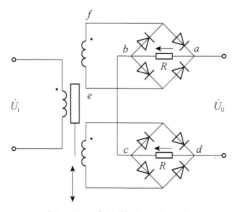

图 4-13 全波差动整流电路

工作原理分析：

$$U_0 = U_{ab} + U_{cd}$$

①衔铁在零位以上（上移）

$$U_0 > 0$$

②衔铁在零位

$$U_0 = 0$$

③衔铁在零位以下（下移）

$$U_0 < 0$$

差动电路输出波形如图 4-14 所示。

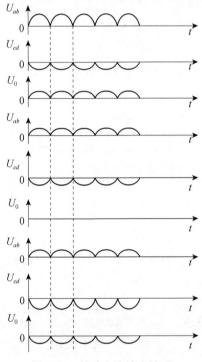

图 4-14　差动电路输出波形

2）相敏检波电路

相敏检波电路如图 4-15 所示。

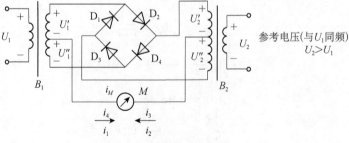

图 4-15　相敏检波电路

工作原理分析：

（1）$U_1 = 0$ 时

正半周， D_3、D_4 导通

$$i_4 = i_3$$

负半周， D_1、D_2 导通

$$i_1 = i_2$$

$$i_M = i_4 - i_3 = i_2 - i_1 = 0$$

（2）$U_1 \neq 0$ 时

①U_1、U_2 同相（$U_2 > U_1$）

正半周， D_3、D_4 导通

$$U_{D4} = U_2' + U_1'' \Rightarrow i_4$$
$$U_{D3} = U_2'' - U_1'' \Rightarrow i_3$$
$$i_4 > i_3 \Rightarrow i_M = i_4 - i_3 > 0$$

负半周， D_1、D_2 导通

$$U_{D1} = U_1' + U_2'' \Rightarrow i_1$$
$$U_{D2} = U_2' - U_1' \Rightarrow i_2 \qquad i_1 > i_2 \Rightarrow i_M = i_1 - i_2 > 0$$

②U_1、U_2 反相

同理可分析，$i_M < 0$。

相敏检波分析波形如图 4-16 所示。

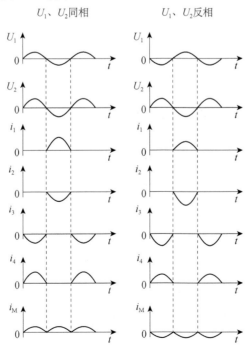

图 4-16　相敏检波分析波形

4.3　电涡流式传感器

电涡流：通电电感线圈产生的磁力线经过金属导体时，金属导体就会产生感应电流，该电流的闭合回线为水涡形状，故称为电涡流。

1. 工作原理

电涡流传感器能静态和动态地非接触，高线性度、高分辨力地测量被测金属导体距探头表面的距离。它是一种非接触的线性化计量工具。电涡流传感器能准确测量被测体（必须是金属导体）与探头端面之间静态和动态的相对位移变化，如图 4-17 所示。

电涡流效应（基于法拉第定律）：

$i_1 = I_m \sin \omega t$（交变电流）$\rightarrow H_1$（交变磁场）$\rightarrow i_2$（电涡流）$\rightarrow H_2$（交变磁场）与 H_1 方向相反 $\rightarrow i_1$ 的大小和相位变化，即引起电感线圈的有效阻抗变化，如图 4-18 所示。

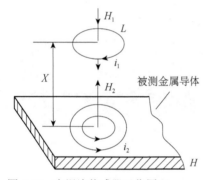

图 4-17　电涡流传感器工作原理

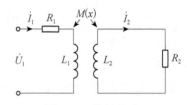

图 4-18　等效电路

图 4-18 中，R_1, L_1 为空心线圈的电阻和电感；R_2, L_2 为电涡流回路的等效电阻和电感；$M(x)$ 为线圈与金属体之间的互感，是距离 X 的函数。

$$Z = f(x, \rho, \omega, \mu, H)$$

式中，ρ、μ 为被测金属导体的电阻率、导磁率；ω 为线圈激励信号频率；H 为被测金属导体的厚度；x 为线圈与金属体之间的距离。

若保持 ρ、μ、ω、H 不变，则

$$Z = f(x)$$

上式为测距传感器。

2. 等效电路

根据基尔霍夫定律：

$$\begin{cases} R_1 \dot{I}_1 + j\omega L_1 \dot{I}_1 - j\omega M \dot{I}_2 = \dot{U}_1 \\ R_2 \dot{I}_2 + j\omega L_2 \dot{I}_2 - j\omega M \dot{I}_1 = 0 \end{cases}$$

$$\dot{I}_1 = \cfrac{\dot{U}_1}{R_1 + \cfrac{\omega^2 M^2 R_2}{R_2^2 + (\omega L_2)^2} + \mathrm{j}\omega\left[L_1 - \cfrac{\omega^2 M^2}{R_2^2 + (\omega L_2)^2}L_2\right]}$$

$$\dot{I}_2 = \frac{\mathrm{j}\omega M \dot{I}_1}{R_2 + \mathrm{j}\omega L_2}$$

线圈的等效阻抗为

$$Z = \frac{\dot{U}_1}{\dot{I}_1} = R_1 + \frac{\omega^2 M^2}{R_2^2 + (\omega L_2)^2}R_2 + \mathrm{j}\omega\left[L_1 - \frac{\omega^2 M^2}{R_2^2 + (\omega L_2)^2}L_2\right]$$

线圈的等效电阻为

$$R_{\mathrm{eq}} = R_1 + \frac{\omega^2 M^2}{R_2^2 + (\omega L_2)^2}R_2 > R_1$$

线圈的等效电感为

$$L_{\mathrm{eq}} = L_1 - \frac{\omega^2 M^2}{R_2^2 + (\omega L_2)^2}L_2 < L_1$$

（距离越近，M 越大，L_{eq} 越小）

原线圈阻抗为

$$Z_0 = R_1 + \mathrm{j}\omega L_1$$

线圈的品质因数为

$$Q_1 \downarrow = \frac{\omega L_{\mathrm{eq}} \downarrow}{R_{\mathrm{eq}} \uparrow}$$

3. 测量电路

1）调频式电路

调频功能框图如图 4-19 所示。

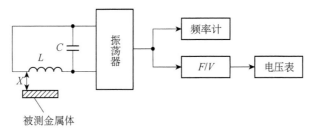

图 4-19　调频功能框图

$$x \updownarrow \rightarrow L(x) \updownarrow \rightarrow f = \frac{1}{2\pi\sqrt{L(x)C}} \updownarrow$$

2）调幅式电路

石英晶体振荡电路的作用——恒流源。

金属体远离时，L、C 谐振回路发生谐振，谐振频率 $f_0 = \dfrac{1}{2\pi\sqrt{LC}}$，$\rightarrow Z_{\mathrm{LC}} = \infty \rightarrow U_0 = \max$。

金属体靠近时，$x\updownarrow \rightarrow L\updownarrow \rightarrow$ 回路失谐 $\rightarrow U_0 = f(x)\downarrow$。

调幅式功能框图如图 4-20 所示。

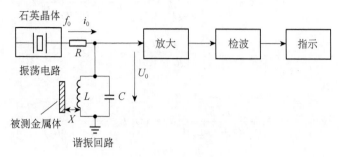

图 4-20　调幅式功能框图

4.4　电感式传感器应用举例

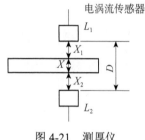

图 4-21　测厚仪

1. 差动式电感测厚仪（如图 4-21）

2. 涡流式传感器应用

1）位移测量

2）厚度测量

$$X = D - (X_1 + X_2)$$
$$U_X = U_D - (U_{X1} + U_{X2})$$

3）转速测量

测量原理：当旋转体转动时，齿轮的齿与传感器的距离变小，电感量变小；齿轮的槽与传感器的距离变大，电感量变大。经整形电路处理后，输出周期性的电信号，由频率计测出该信号频率，如图 4-22 所示。

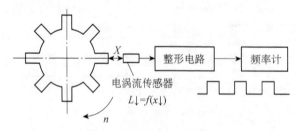

图 4-22　转速测量示意框图

换算成转速：其中 N 为槽数。

$$n = \frac{f}{N} \times 60 (转/分)$$

4）涡流探伤

用来检查金属表面裂纹、热处理裂纹以及用于焊接部位的探伤。

4.5 电感式传感器的应用

自感式电感传感器和差动变压器式传感器主要用于位移测量，凡是能转换成位移变化的参数，如力、压力、压差、加速度、振动、应变、厚度等均可测量。

4.5.1 位移测量

图 4-23 是轴向式电感测微仪的结构图。此电感变化通过电缆接到交流电桥，电桥的电压变化就反映了被测体的变化。

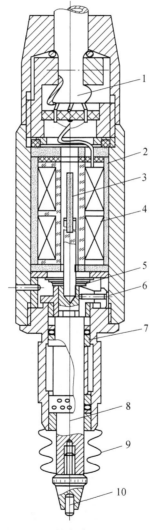

图 4-23 轴向式电感测微仪

1-引线电缆；2-固定磁筒；3-衔铁；4-线圈；5-测力弹簧；6-防转销；7-钢球导轨；8-测杆；9-密封套；10-测端

图 4-24 是用于 GDH 型电感测微仪的主要电路。电路中的振荡器为电感三点式振荡器。

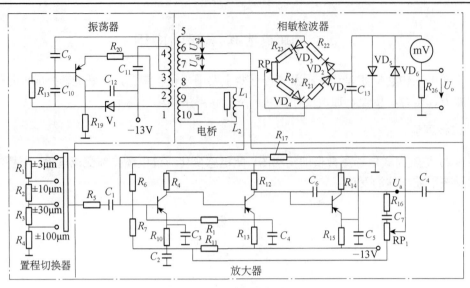

图 4-24　电感测微仪电路

电桥由振荡器二次侧线圈 8、9，9、10 和传感器电感 L_1、L_2 组成。输出信号送至由 R_1~R_4 组成的量程切换器。该仪器各档量程为±3mm、±10mm、±30mm、±100mm，相应的指示表的分度值为 0.1mm、0.5mm、1mm、5mm。

当传感器衔铁处于中间位置时，两线圈电感相等，电桥平衡，无输出信号。当衔铁由中间位置偏移时，电桥就输出一个交流调制信号，其幅值与衔铁位移成正比，频率与供电电源频率相同。

被测信号经放大器放大后，经电容 C_8 送入相敏检波电路，相敏检波电路输出的信号由电表显示出来。

4.5.2　压力测量

图 4-25 为 YST-1 型差动压力变送器结构及电路图。它适用于测量各种生产流程中流体、蒸汽及气体压力。当被测压力未导入传感器时，膜盒 2 无位移。这时，活动衔铁在差动线圈中间位置，因而输出电压为零。当被测压力从输入口 1 导入膜盒 2 时，膜盒在被测介质的压力作用下，其自由端产生一正比于被测压力的位移，测杆使衔铁向上移动，在差动变压器的二次侧线圈中产生的感应电动势发生变化而有电压输出，此电压经过安装在线路板 3 上的电子线路处理后，送给二次仪表，加以显示。

此压力变送器的电气线路如图 4-25（b）所示，220V 交流电通过变压、整流、滤波、稳压后，由 V_1、V_2 晶体管组成的多谐振荡器转变为 6V、1000Hz 的稳定交流电压，作为差动变压器的激励电压。差动变压器二次侧输出电压通过差动整流电路、滤波电路后，作为变送器输出信号，可接入二次仪表加以显示。线路中 R_9 是调零电位器，R_{10} 是调量程电位器。二次仪表一般可选 XCZ-103 型动圈式毫伏计，或选用自动电子电位差计如 XWD，但必须在信号端并联 600W 左右的电阻。

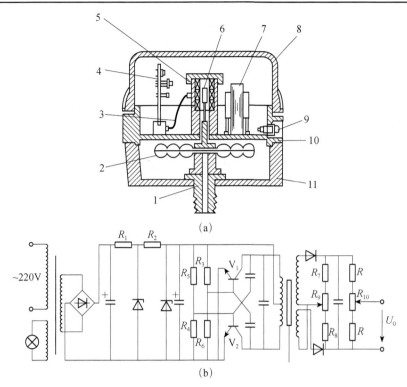

图 4-25　YST-1 型压力变送器

1-接头；2-膜盒；3-导线；4-印刷线路板；5-差动线圈；6-衔铁；7-电源变压器；8-罩壳；9-指示灯；10-安装座；11-底座

　　成块的金属置于变化着的磁场中或者在磁场中运动时，金属体内都要产生感应电动势形成电流，这种电流在金属体内是自己闭合的，称为涡流。

　　涡流的大小与金属体的电阻率 ρ、磁导率 μ、厚度 t 以及线圈与金属体的距离 x、线圈的励磁电流角频率 ω 等参数有关。固定其中若干参数，就能按涡流大小测量出另外一些参数。

　　涡流传感器的最大特点是可以对一些参数进行非接触的连续测量，动态响应好，灵敏度较高，所以在工业中应用越来越广。其主要应用如表 4-1 所示。

表 4-1　涡流传感器应用及特征表

被 测 参 数	变 换 量	特　　征
位　　　移	x	非接触、连续测量受剩磁的影响
厚　　　度		
振　　　动		
表 面 温 度	ρ	非接触、连续测量要对温度变化进行补偿
材 质 判 别		
温 度 变 化 率		
应　　　力	μ	非接触、连续测量受剩磁和材质的影响
硬　　　度		
探　　　伤	x、ρ、μ	可以定量判定

　　涡流传感器在金属体上产生的涡流，其渗透深度是与传感器线圈的励磁电流的频率有关

的，所以涡流传感器主要分为高频反射和低频透射两类，前者应用较广泛。

1. 高频反射涡流传感器

1）基本工作原理

高频反射涡流传感器是一只固定在框架上的扁平线圈，如图 4-26 所示。当没有测量体接近时，传感器的线圈由于高频电流 i 的激励，将产生一高频交变磁场 Φ_i。当被测导电体靠近传感器时，根据电磁感应定律，在被测导电体的表面附近就产生了与交变磁场相交链的涡流（涡流作用范围一般为线圈外径的 1.4 倍），此涡流又将产生一磁场 Φ_e 反作用于 Φ_i，而 Φ_e 总是抵抗 Φ_i 的存在，同时当被测导电体靠近通有高频电流的传感器时，除了存在涡流效应，还存在磁效应，因此既要产生楞次-焦耳热损耗，又要产生磁滞损耗，造成了交变磁场的能量损失。

总的损耗功率大小直接关系到回路的品质因素 Q 值。因此，影响 Q 值的因素有：磁感应强度幅值 B_m（它同被测导体与传感器的相对位置有关）、被测体的电阻率 ρ 及其磁滞系数 η 等。当一定的被测导体靠近传感器时，损耗功率增大，回路的 Q 值就降低。

为了提高涡流传感器的灵敏度，传感器线圈总是并联一只电容器，构成并联谐振电路。线圈 Q 值降低意味着谐振回路谐振曲线峰值下降（原来调谐到某一频率），同时使曲线变得平坦，如图 4-27 所示。

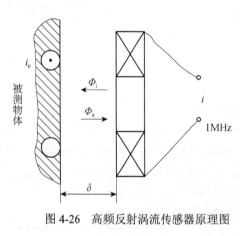

图 4-26　高频反射涡流传感器原理图

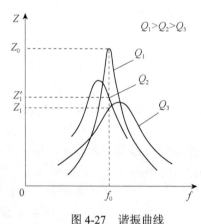

图 4-27　谐振曲线

当传感器与被测导体靠近时，传感器的等效阻抗 Z 将发生变化。经计算 Z 可用下式表示，即

$$Z = R + r\frac{\omega^2 M^2}{r^2 + \omega^2 l^2} + j[\omega L - \omega L\frac{\omega^2 M^2}{r^2 + \omega^2 l^2}]$$

式中，R，L 为线圈的电阻及电感；r，l 为涡流回路的电阻及电感；M 为线圈与被测体涡流回路间的互感。$\omega = 2\pi f$，其中 f 为电源频率。

上式中的涡流回路电阻及电感折算值一般称为反射电阻及反射电感。当靠近传感器的导电体为非导磁材料和硬磁材料时，传感器线圈的电感量减少，若为软磁材料，则线圈的电感量增大。因此，对于一个涡流传感器，其回路调谐到某一谐振频率，当被测导电体引入时，回路将失谐，当被测体为非铁磁性材料或硬磁材料时，谐振曲线就向右移，而被测材料为软磁材料时，谐振曲线则向左移。由图 4-27 可见，当载流频率一定时（如 1MHz），传感器 LC

回路的阻抗 Z 既反映了电感的变化，又反映了 Q 值的变化。

综上所述，高频回路阻抗 Z 与被测体材料的电阻率 ρ、磁导率 μ、励磁频率 f 以及传感器与被测导电体间的距离 x 有关，可用函数式表示为：

$$Z=F（\rho，\mu，f，x）$$

当电源频率 f 以及另外两参量为恒定时，则第四参量将与阻抗 Z 呈单值函数。例如，材料一定时，可写为

$$Z=F（x）$$

因此，当 x 变化时，由于 Q 值和 L 值发生变化，Z 发生变化，通过测量电路，可将 Z 的变化转换为电压 U 的变化，这样就达到了把位移（或振幅）转换为电量的目的。

输出电压 U 与位移 x 间的关系曲线如图 4-28 所示，在中间一般呈线性关系，其范围为平面线圈外径的 $1/5\sim1/3$（线性误差为 3%~4%）。传感器的灵敏度与线圈的形状和大小有关。线圈的形式最好是尽可能窄而扁平，当线圈的直径增大时，线性范围也相应增大，但灵敏度就相应降低。

同理，固定其他三个参量，而使 ρ 或 μ 为变量，则涡流传感器可用于检测电阻率 ρ 或磁导率 μ 的变化。

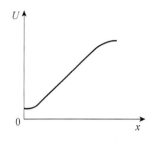

图 4-28　$U=f(x)$ 特性曲线

2）高频反射涡流传感器的结构形式

高频反射涡流传感器的结构很简单，主要是一个安置在框架上的线圈，可以绕成一个扁平圆形，粘贴于框架上，也可以在框上开一条槽，导线绕制在槽内而形成一个线圈。线圈的导线一般采用高强度漆包铜线，如要求高一些，可用银或银合金线；在较高温度的条件下，需用高温漆包线。

图 4-29 为 CZF 型涡流传感器的结构图，它是采用把导线绕在框架上形成的，框架采用聚四氟乙烯。CZF 型传感器的性能如表 4-2 所示。

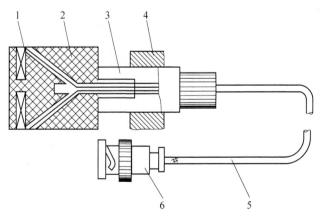

图 4-29　CZF 型涡流传感器

1-线圈；2-框架；3-框架衬套；4-支架；5-电缆；6-插头

表 4-2　CZF 型传感器性能表

型号	线性范围 /μm	线圈外径 /mm	分辨率 /μm	线性误差 /%	使用温度范围 /℃
CZF1-10	1000	$\phi 7$	1	<3	$-15 \sim +80$
CZF1-30	3000	$\phi 15$	3	<3	$-15 \sim +80$
CZF1-50	5000	$\phi 28$	5	<3	$-15 \sim +80$

在图 4-30 中给出了 CZF3 型传感器的结构图，它采用线圈粘贴的形式，线圈框架采用陶瓷，外面用聚酰亚胺套筒罩住。线圈外径为 8mm，线性范围为 1.5mm，线性误差<3％。

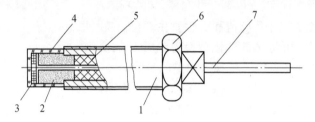

图 4-30　CZF3 型传感器

1-壳体；2-框架；3-线圈；4-保护套；5-填料；6-螺母；7-电缆

3）测量方法

高频反射涡流传感器的测量方法有调幅法和调频法两种。

以稳频稳幅正弦波高频振荡器的输出作为电源，接在与固定电阻 R 相串联的并联 L、C 谐振电路上，并使电路处于谐振状态。传感器的电感线圈 L 感应的高频电磁场作用于金属板表面，由于金属板表面的涡流反射作用，L 的值降低，并使回路失谐。L 的数值随距离 x 的变化而变化，这样，便将距离 x 转换成电阻 R 上的电压。这种方法称为调幅法。

传感器线圈电感 L 与固定电容 C 组成并联谐振回路，以此作为高频振荡器的振荡回路。如前所述，随距离 x 的不同，L 也改变，从而使振荡器输出频率发生变化。这样，便将距离 x 转换成频率。这种方法称为调频法。

4）影响高频反射涡流传感器灵敏度的因素

在讲到涡流传感器的基本工作原理时，输出电压与输入量（位移、振幅等）的单值函数关系是在其他条件（如电导率 ρ、磁导率 μ、频率 f 等）不变的情况下得到的。如果被测物体的材料形状、表面加工质量变化，则将引起传感器灵敏度的改变。

（1）被测物体形状对测量的影响。被测物体的面积比传感器相对应的面积大很多时，灵敏度不发生变化；当被测物体面积为传感器线圈面积的一半时，其灵敏感度减少一半，更小时，灵敏度则显著下降。

被测物体为圆柱体时，当它的直径 D 为传感器线圈的直径 d 的 3.5 倍以上时，不影响被测结果；在 D/d 为 1 时，灵敏度降低至 70％。相对灵敏度 K_r（相对灵敏度 K_r＝灵敏度／最大灵敏度）与 D/d 的关系曲线如图 4-31 所示。

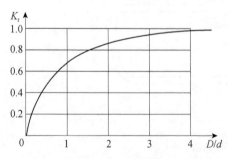

图 4-31　被测体直径 D 对灵敏度的影响

在图 4-32 中给出了被测物体材料为黄铜的平面及三种不同直径的圆柱体时传感器的特性曲线。

从上述曲线，可以看出：①被测圆柱体直径越大，特性曲线越向右移动，灵敏度稍有所降低；②被测圆柱体直径减小时，曲线向左移动，灵敏度稍有所提高。

（2）工件表面处理对灵敏度的影响。实验结果表明，工件表面热处理对测量结果没有影响。

大量实验结果表明，被测物体的表面光洁度对测量结果基本上没有影响。

被测物体的材质对灵敏度有影响，但不大，如 $45^{\#}$ 钢。黄铜 $H62$ 和铝试件的特性相近。电导率越高，灵敏度就越大。

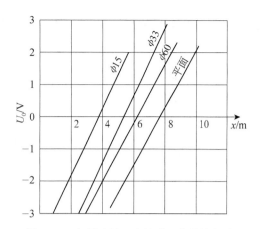

图 4-32　高频反射涡流传感器的特性曲线

2. 低频透射涡流传感器

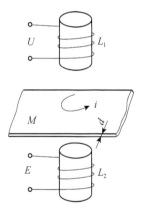

图 4-33　低频透射传感器原理图

图 4-33 为低频透射传感器原理图，图中的发射线圈 L_1 和接收线圈 L_2 是两个绕于胶木棒上的线圈，分别位于被测物体的上下方。由振荡器产生的音频电压 U 加到 L_1 的两端后，线圈中即流过一个同频率的交流电流，并在其周围产生一个交变磁场，如果两线圈间不存在被测物体 M，则 L_1 的磁场能直接贯穿 L_2，于是 L_2 的两端就会感应出一交变电动势 E，它的大小与 U 的幅值、频率以及 L_1、L_2 的匝数、结构和两者间的相对位置有关。

在 L_1 与 L_2 间放置一金属片 M 后，L_1 产生的磁力线必然透过 M，并在其中产生涡流 i。涡流 i 损耗了部分磁场能量，使到达 L_2 上的磁力线减少，从而引起 E 的下降。M 的厚度 d 越大，涡流也就越大，E 就越小。由此可知，E 的大小间接反映了 M 的厚度 d，这就是测厚的原理。

事实上，M 中的涡流大小还与 M 的电阻率 ρ 以及 M 的化学成分和物理状态（特别是温度）有关，由此引起相应的测试误差，并限制了测厚应用范围，但可以采用校正和恒温的办法进行补救。

在不同频率下对同一种材料的 $E=f(d)$ 关系曲线示于图 4-34 中。从图中可以看出：为了得到较好的线性特性，应选用较低的测试频率 f（通常选 1kHz 左右），但灵敏度有所降低，而渗透深度有所增加。

在一定频率下，不同 ρ 值改变了渗透深度和 $E=f(d)$ 的曲线形状。为使测量不同 ρ 的材料所得到的曲线形状相近，就需要在 ρ 变动的同时改变 f。实践证明，

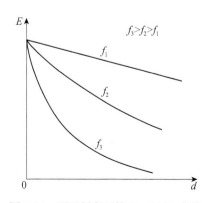

图 4-34　不同频率下的 $E=f(d)$ 曲线

测量 ρ 较小的材料（如紫铜）时，选用较低的频率（500Hz），而测量 ρ 较大的材料（如黄铜、铝）时，则选用较高的频率（2kHz），能使测厚仪得到较好的线性度和灵敏度。

3．涡流传感器的应用

高频反射式涡流传感器由于测量线性范围大、灵敏度高、结构简单、抗干扰能力强、不受油污等介质的影响以及可以无接触测量等优点，所以广泛应用于工业生产和科学研究的各个领域，可用来测量位移、振幅、尺寸、厚度、热膨胀系数、轴心轨迹、非铁磁材料导电率以及金属件探伤等，在化学工业、动力部门已用来作为汽轮机、压缩机、发电机等的监控设备。目前我国已研制和生产出位移、振幅、厚度、导电率和探伤等方面的涡流检测仪表。下面对其主要的几种进行简单介绍。

1）位移计

涡流传感器根据其工作原理，其基本形式就是一只位移传感器，它可用来测量各种形状试件的位移，如汽轮机主轴的轴向位移（如图 4-35（a）），磨床换向阀、先导阀的位移（如图 4-35（b）），金属试件的热膨胀系数（如图 4-35（c））等。

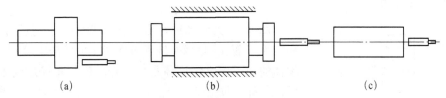

图 4-35　位移计的几种实例

测量位移的范围可以从 0～1mm 至 0～16mm，一般的分辨率为满量程的 0.1%。也有到 0.5μm 的（其全量程为 0～15μm）。例如，CZF1-1000 型传感器与 BZF-1，ZZF-5310 型配套时，有 0～1mm、0～3mm、0～5mm 等几种传感器，其分辨率为 0.1% 。

2）振幅计

涡流传感器可无接触地测量旋转轴的径向振动。除了用表头直接显示读数，还可用记录仪器记录振动波形。在汽轮机、空气压缩机中，常用涡流传感器监控主轴的径向振动（图 4-36（a）），它也可以测量汽轮机涡轮叶片的振幅（图 4-36（b））。在叶片作振动疲劳试验时，可用来监视叶片共振时的振幅，测量的振幅范围可以从几微米到几毫米，频率特性从 0 到几十 kHz。

在研究轴的振动时，常需要了解轴的振动形状，作出轴振图形，为此可用数个涡流传感器并排地安置在轴附近（图 4-37），用多通道指示仪输出至记录仪。当轴转动时，可以获得每个传感器各点的瞬间振幅值，从而画出轴振图形。

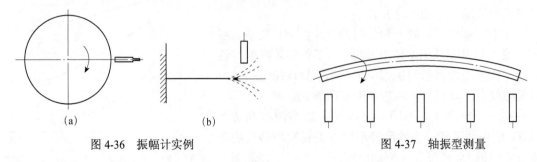

图 4-36　振幅计实例　　　　　　　　　图 4-37　轴振型测量

3）厚度计

涡流传感器可无接触地测量金属板厚度和非金属板的镀层厚度（图 4-38（a））。当金属板的厚度变化时，传感器与金属板间距离改变，从而引起输出电压的变化。由于在工作过程中金属板会上下波动，这将影响其测量精度，所以常用比较的方法测量，在板的上下各装一涡流传感器，其距离为 D，而它们与板的上下表面的（图 4-38（b））距离分别为 d_1 和 d_2，这样板厚为

$$d = D - (d_1 + d_2)$$

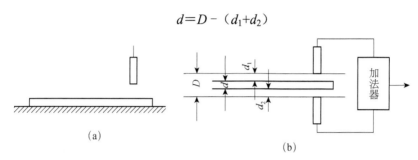

图 4-38　厚度计实例

当两个传感器在工作时分别测得 d_1 和 d_2，转换成电压值后送加法器，相加后的电压值再与两传感器间距离 D 相应的设定电压相减，就得到了与板厚相对应的电压值。

4）转速计

在一个旋转体上开一条或数条槽（图 4-39（a）），或者制成齿轮状（图 4-39（b）），旁边安装一个涡流传感器，当旋转体转动时，涡流传感器将周期地改变输出信号，此电压信号经放大、整形后，可用频率计指示出频率值，此值与槽数和转速有关，即

$$N = f / n \times 60$$

式中，f 为频率值（Hz）；n 为旋转体的槽（齿）数；N 为被测轴的转速（r / min）。

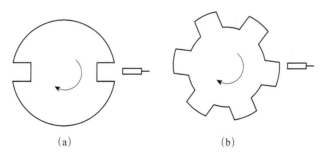

图 4-39　转速计实例

在航空发动机等试验中，常需测得轴的振幅与转速的关系曲线，如果把转速计的频率值经过一个频率-电压转换装置接入 x-y 函数记录仪的 x 轴输入端，而 y 轴输入端接入与振幅对应的电压信号，这样利用 x-y 函数记录仪便可直接绘出转速-振幅关系曲线。

5）涡流探伤仪

在非破坏性检测领域里，已把涡流检测作为一种有效的探伤技术。例如，常用来测试金属材料的表面裂纹、热处理裂痕以及焊接部位的探伤等。当检查时，使传感器与被测物体的

距离保持不变，如有裂纹出现，将引起金属的电导率、磁导率的变化，这些参量的改变，将使传感器阻抗发生变化，从而使测量电路输出电压改变，这样就达到了探伤的目的。

此外，涡流传感器还可以制成开关量输出的检测元件，这时可使测量电路大为简化。目前，应用比较广泛的有接近开关，它也可用于金属零件的计数等。

习　题

1. 电感式传感器有几大类？各有何特点？

2. 什么叫零点残余电压？产生的原因是什么？

3. 图 4-40 所示为一种差动整流的电桥电路，电路由差动电感传感器 Z_1、Z_2 以及平衡电阻 R_1、R_2（$R_1 = R_2$）组成。桥的一条对角线接有交流电源 U_i，另一个对角线为输出端 U_o。试分析该电路的工作原理。

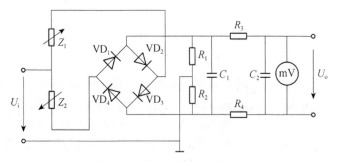

图 4-40　差动整流电桥电路

4. 差动变压器式"差压变送器"如图 4-40（a）所示，其差压与膜盒挠度的关系，差动变压器衔铁的位移与输出电压的关系如图 4-41（b）所示。求：当输出电压为 50mV 时，差压 $p_1 - p_2$ 为多少帕斯卡？

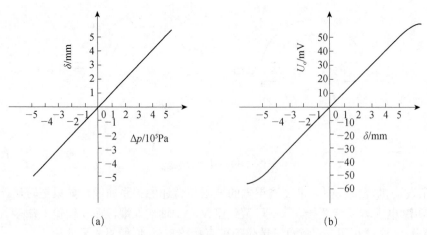

（a）　　　　　　　　　　　　　　（b）

图 4-41　差动变压器式"差压变送器"

5. 用一电涡流式测振仪测量某种机器主轴的轴向振动，已知传感器的灵敏度为 20mV／mm。最大线性范围为 5mm。现将传感器安装在主轴的右侧，如图 4-42（a）所示。使用高速记录仪记录下的振动波形如图 4-42（b）所示。问：

（1）传感器与被测金属的安装距离 l 为多少毫米时可得到较好的测量效果？

（2）轴向振幅的最大值 A 为多少？

（3）主轴振动的基频 f 是多少？

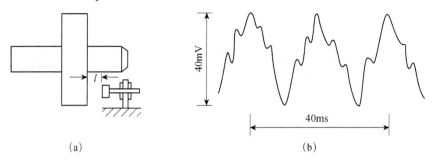

(a)   (b)

图 4-42　电涡流式测振仪测量示意图

第5章 压电式传感器

压电式传感器是一种典型的电量型传感器，就敏感元件本身来说，是最简单的一种。它以某些电介质的压电效应为基础，在外力作用下，在电介质的表面上产生电荷，从而实现力-电荷转换，所以它能测量最终变换为力（动态）的那些物理量，如压力、应力、加速度等，如图 5-1 所示。

5.1 压电式传感器原理

压电式传感器：基于某些物质的压电效应制作的传感器，如图 5-1 所示。

图 5-1 压电效应

5.1.1 压电效应

1. 压电效应

压电效应（顺压电效应）：某些物质，在沿一定方向对其施加压力或拉力时，会产生变形，内部发生极化现象，在其表面产生电荷，如图 5-2 所示。当外力去掉后，又回到不带电的状态，这种**机械能转变为电能**的现象称为**压电效应**。

逆压电效应（电致伸缩效应）：在某些物质的极化方向上施加电场，它会产生机械变形，当去掉外加电场时，该物质的变形随之消失，如图 5-3 所示，这种**电能转变为机械能**的现象称为**逆压电效应**。

机械能 → 压电材料 → 电能	电能 → 压电材料 → 机械能
图 5-2 顺压电效应	图 5-3 电致伸缩效应

2. 压电材料

压电材料（压电元件）：具有压电效应的物质，如图 5-4 所示。

压电材料分为：压电晶体（石英晶体 SiO_2）、压电陶瓷（钛酸钡、锆钛酸铅等）

压电晶体：石英晶体（正六面体）。

纵向压电效应：力沿电轴 X 方向作用下产生的压电效应。

横向压电效应：力沿机械轴 Y 方向作用下产生的压电效应。

注：沿光轴 Z 方向不产生压电效应。

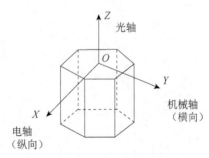

图 5-4 压电材料

$$q_x = d_{11}F_X$$

式中，F_X 为沿电轴（纵向）方向作用力；d_{11} 为纵向压电系数（C/N）。

$$q_y = d_{12}\frac{a \cdot c}{b \cdot c}F_y = -d_{11}\frac{a}{b}F_y$$

式中，F_y 为沿机械轴（横向）方向作用力；d_{12} 为横向压电系数（C/N），$d_{12}=-d_{11}$。

如图 5-5 所示，当晶片受到 X 向的压力作用时，q_x 与作用力 F_x 成正比，而与晶片的几何尺寸无关。电荷的极性如图 5-6 所示。

在 X 轴方向施加压力时，石英晶体的 X 轴正向带正电；如果作用力 F_x 改为拉力，则在垂直于 X 轴的平面上仍出现等量电荷，但极性相反。

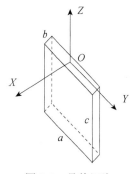

图 5-5 晶体切片

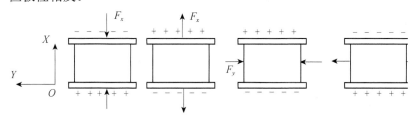

图 5-6 晶体切片上电荷符号与受力的关系

5.1.2 压电式传感器等效电路和测量电路

压电传感器不能用于静态测量，只适于动态测量（交变力作用）。

1. 压电晶体片等效于平行板电容器（静电荷发生器）

压电晶体片等效电路如图 5-7 所示。

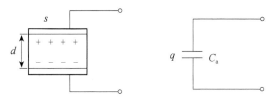

图 5-7 压电晶体片等效电路

电容量为

$$C_a = \frac{\varepsilon S}{d}$$

开路电压为

$$U_a = \frac{q}{C_a}$$

2. 压电式传感器的等效电路

（1）电荷等效电路（电荷源），如图 5-8 所示。

（2）电压等效电路（电压源），如图 5-9 所示。

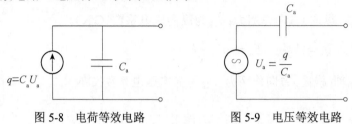

图 5-8　电荷等效电路　　　　　　　图 5-9　电压等效电路

5.1.3　测量电路

在测量电路中，前置放大电路在整个放大电路中的作用和形式，如图 5-10 所示。

图 5-10　测量电路

前置放大器的作用：①放大传感器输出的微弱信号；②将传感器的高阻抗输出变换成低阻抗输出。

前置放大器有两种形式：电压放大器、电荷放大器。

1.　电压放大器

图 5-11 中，R_a 为传感器的漏电阻，

C_c 为连接电缆的等效电容，

R_i、C_i 为前置放大器的输入电阻和输入电容。

如图 5-12 所示，可作简化。

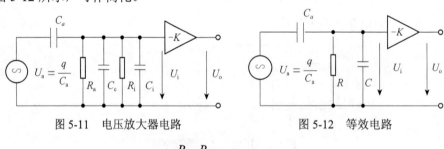

图 5-11　电压放大器电路　　　　　　　图 5-12　等效电路

$$R = \frac{R_a \cdot R_i}{R_a + R_i}, \quad C = C_c + C_i$$

设压电元件沿电轴 X 方向施加交变力 $F = F_m \sin \omega t$，则

$$U_a = \frac{q}{C_a} = \frac{dF_m}{C_a} \sin \omega t$$

$$\dot{U}_i = \frac{R // \dfrac{1}{j\omega C}}{R // \dfrac{1}{j\omega C} + \dfrac{1}{j\omega C_a}} \cdot \dot{U}_a = \frac{j\omega Rd}{1 + j\omega R(C_a + C)} \cdot \dot{F}$$

前置放大器的输入电压的幅值为

$$U_{im} = \frac{dF_m \omega R}{\sqrt{1 + \omega^2 R^2 (C_a + C_c + C_i)^2}}$$

输入电压与所测作用力之间的相位差为

$$\phi = \frac{\pi}{2} - \arctan \omega R(C_a + C_c + C_i)$$

在理想情况下，$R_a \to \infty$，$R_i \to \infty \Rightarrow R = R_a // R_i \to \infty$。

$$\omega^2 R^2 (C_a + C_c + C_i)^2 >> 1$$

$$U_{im}^{'} = \frac{dF_m}{C_a + C_c + C_i}$$

$$\begin{cases} \dfrac{U_{im}}{U_{im}^{'}} = \dfrac{\omega \tau}{\sqrt{1 + (\omega \tau)^2}} \\ \tau = R(C_a + C_c + C_i) \\ \phi = \dfrac{\pi}{2} - \arctan(\omega \tau) \end{cases}$$

根据图 5-13 可得出输入电压与相位差之间的关系。

（1）当静态作用力（$\omega = 0$）时，有

$$U_{im} = 0$$

不能用于静态测量。

（2）当 $\omega \tau >> 3$ 时，有

$$U_{im} = U_{im}^{'}$$

与频率无关，适用于高频交变力的测量。

2. 电荷放大器

电荷放大器为高增益负反馈放大器，如图 5-14 所示。

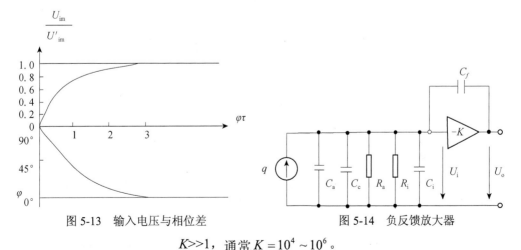

图 5-13　输入电压与相位差　　　　　　　图 5-14　负反馈放大器

$K>>1$，通常 $K = 10^4 \sim 10^6$。

$$R_i \to \infty, \quad R = R_a // R_i = \infty \ （可忽略）$$

由运算放大器基本特性"密勒效应"得

$$U_o = -\frac{Kq}{C_a + C_c + C_i + (1+K)C_f}$$

由于

$$(1+K)C_f >> C_a + C_c + C_i$$

所以

$$U_o \approx -\frac{Kq}{(1+K)C_f} \approx -\frac{q}{C_f}$$

$$U_o = f(q)$$

$$U_o \propto q$$

5.1.4　压电式传感器的应用

1. 压电式力传感器

图 5-15 示出 YDS-78I 型压电式单向力传感器的结构，它主要用于频率变化一般的动态力的测量，如车床动态切削力的测试被测力通过传力上盖使石英晶片在沿电轴方向受压力作用而产生电荷，两块晶片沿电轴反方向叠起，其间是一个片形电极，它收集负电荷。两压电晶片正电荷侧分别与传感器的传力上盖及底座相连。因此两块压电晶片被并联起来，提高了传感器的灵敏度。片形电极通过电极引出插头将电荷输出。

YDS-78I 型压电式单向力传感器的测力范围为 0~5000N，非线性误差小于 1%，电荷灵敏度为 3.8~4.4μC / N，固有频率约为 50~60Hz0。

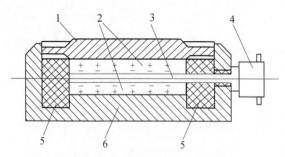

图 5-15　YDS-78I 型压电式单向力传感器的结构

1-传力上盖；2-压电片；3-电极；4-电极引出；5-插头；6-底座

2. 压电式加速度传感器

压电式加速度传感器原理如图 5-16 所示，当传感器与被测加速度的机件紧固在一起后，传感器受机件运动的加速度作用，惯性质量块产生惯性力，其方向与加速度方向相反，大小由 $F=ma$ 决定。此惯性力作用在压电晶片上，产生电荷，电荷由引出电极输出，由此将加速度转换为电荷。弹簧是给压电晶片施加预紧力的。常用的压电式加速度传感器的结构很多，

图 5-16（b）为其中一种。这种结构有高的谐振频率，宽的频率响应范围和高灵敏度，而且结构中的弹簧、质量块和压电元件不与外壳直接接触，受环境的影响小，是目前应用较多的形式之一。

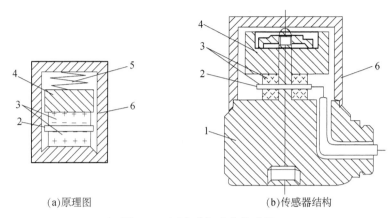

(a)原理图　　　　　　　　　　　　　　　　　(b)传感器结构

图 5-16　压电式加速度传感器

1-基座；2-引出电极；3-压电晶片；4-质量块；5-弹簧；6-壳体

3. 压电加速度传感器 PV-96 检测微振动的电路

图 5-17 是 PV-96 型压电加速度传感器检测微振动的电路原理图。该电路由电荷放大器和电压调整放大器组成。

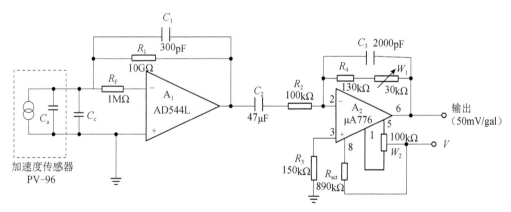

图 5-17　PV-96 压电加速度传感器检测微振电路

第一级是电荷放大器，其低频响应由反馈电容 C_1 和反馈电阻 R_1 决定。低频截止频率为 0.053Hz。R_F 是过载保护电阻。第二级为输出调整放大器，调整电位器 W_1 可使其输出约为 50mV / gal（1gal＝1cm / s^2）。A_2 是多用途可编程运算放大器的低功耗型运算放大器，为了降低噪声影响，可在其第 8 脚输入适当的工作电流 I_{sct}，本电路选 I_{sct}＝15μA。

在低频检测时，A_1 的电压噪声为 μA 量级，A_2 的电压噪声低于 μA 量级。所以噪声电平主要由电荷放大器的噪声决定。

设电缆电容为 C_c，则电荷放大器发生的噪声为 $V_{nl}[（\dfrac{C_0+C_c}{C_1}）+1]$。其中 V_{nl} 为电荷放大器的电压噪声，C_0 为传感器电容。设传感器的灵敏度为 Q_0 / g，噪声换算为噪声电平，即

$$V_{nl}\frac{\left(\dfrac{C_0+C_c}{C_1}+1\right)}{\dfrac{Q_0}{C_1}}=\frac{V_{nl}}{Q_0}（C_0+C_c+C_1）$$

由此可知，为了降低噪声电平，有效方法是减小电荷放大器的反馈电容。但是当时间常数一定时，由于 C_1 和 R_1 成反比关系，若考虑到稳定性，则减小 C_1 应有界限。当 $C_1=300pF$，$R_1=10G\Omega$ 时，g 换算噪声电平的实测值在 $0.1{\sim}10Hz$，为 $0.6\times10^{-6}g$。所以，使用 PV-96 的微振动检测仪，其测量范围：加速度为 $2\times10^{-6}{\sim}10^{-1}g$，振动频率为 $0.1{\sim}100Hz$。

4. GIA 型压电加速度传感器用于冲击的检测电路

GIA 型压电加速度传感器是采用聚偏二氟乙烯等压电薄膜材料研制成的全塑料加速度传感器。其结构如图 5-18 所示，内含放大电路，它是一种固有频率高、频响特性好、灵敏度高、重量轻、价格较低的压电加速度传感器。由于它的频带较宽，所以适合于冲击测量设备。配以如图 5-19 所示的电路，可以检测出相应的冲击量。

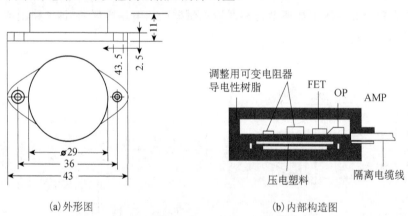

(a) 外形图　　　　　　　　　　　　(b) 内部构造图

图 5-18　膜盒型加速度传感器结构

该电路由比例放大器、电压比较器和电平转换器构成。C_1 和 R_1 构成高通滤波器，消除直流成分及温度漂移的影响；A_1 为比例放大器，放大倍数由 R_2 和 R_3 确定。R_4 和 C_2 为滤去高频噪声之用。A_2 为电压比较器，当冲击量达到某一值时，A_2 输出某一个开关量信号，阈值电平可由 W_1 调节。C_3 为隔离电容。晶体管 BG 作电平转换，处于开关工作状态。二极管增加延迟 BG 的导通时间。当冲击量过大时，可采用 555 电路报警。555 组成单稳触发器，当 A 点输入低电平时，555 的 3 脚输出高电平，使 LED 灯亮，并驱动蜂鸣器鸣叫。

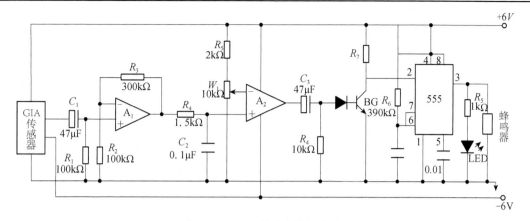

图 5-19 GIA 的冲击检测电路

5.2 热电式传感器

热电式传感器是一种将温度变化转换为电量变化的装置，如图 5-20 所示。在各种热电式
传感器中，以将温度量转换为电势和电阻的方法
最为普遍。其中最常用于测量温度的是热电偶和
热电阻，热电偶是将温度变化转换为电势变化，
而热电阻是将温度变化转换为电阻值的变化。这
两种热电式传感器目前在工业生产中已得到广泛
应用，并且有与其相配套的显示仪表与记录仪表。

图 5-20 热电式模型

5.2.1 热电偶

由两种不同材料的导体构成闭合回路，当两个接点处的温度不相等时，回路中就会产生
电动势（热电势），形成电流，这种现象被称为热电效应，如图 5-21 所示。

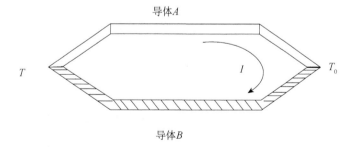

图 5-21 热电效应示意图

图 5-21 中，A、B 为热电极，T 为工作端（测量端、热端），T_0 为自由端（参考端、冷端）。

1. 接触电势

令 n_A、n_B 为导体 A、B 自由电子浓度，如图 5-22 和图 5-23 所示，则

$$e_{AB}(T_0) = \frac{KT_0}{e} \ln \frac{n_A}{n_B}$$

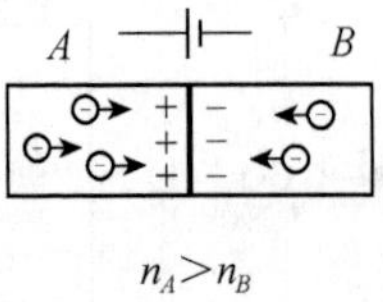

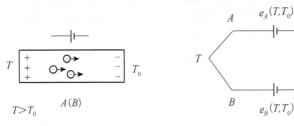

图 5-22　电源电子 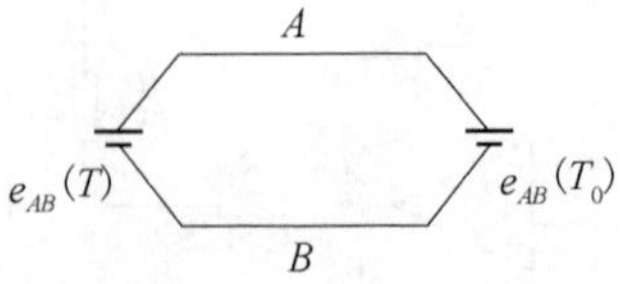　　　　　　　　图 5-23　电子等效电源

其数量级为 $10^{-3} \sim 10^{-2} \text{ V}$。

令 T 为热力学温度，K 为玻尔兹曼常数（$K = 1.38 \times 10^{-23} \text{J/K}$），$e$ 为电子电荷电量（$e = 1.6 \times 10^{-19} \text{C}$），

则总的接触电势为

$$e_{AB}(T) - e_{AB}(T_0) = \frac{K}{e}(T - T_0) \ln \frac{n_A}{n_B}$$

2. 温差电势

单一导体，如果两端温度不同，则在两端间会产生温差电势，如图 5-24 和图 5-25 所示。

图 5-24　温差电势　　　　　　　　图 5-25　电势等效

$$e_A(T, T_0) = \int_{T_0}^{T} \sigma_A \mathrm{d}T$$

$$e_B(T, T_0) = \int_{T_0}^{T} \sigma_B \mathrm{d}T$$

式中，σ_A、σ_B 为汤姆逊系数。其数量级约为 10^{-5} V。

总的温差电势为

$$e_A(T, T_0) - e_B(T, T_0) = \int_{T_0}^{T} (\sigma_A - \sigma_B) \mathrm{d}T$$

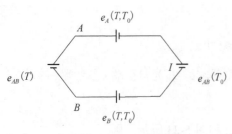

图 5-26　热电势图

3. 热电偶总的热电势

热电偶的等效热电势如图 5-26 所示。

$$E_{AB}(T, T_0) = [e_{AB}(T) - e_{AB}(T_0)] + [e_B(T, T_0) - e_A(T, T_0)]$$

由于温差电势较小，可以忽略，所以

$$E_{AB}(T, T_0) \approx e_{AB}(T) - e_{AB}(T_0) = \frac{K}{e}(T - T_0) \ln \frac{n_A}{n_B}$$

结论：①若构成热电偶的两个导体材料相同，即 $n_A = n_B$，则 $E_{AB}(T,T_0) = \dfrac{K}{e}(T-T_0)$ $\ln\dfrac{n_A}{n_B} = 0$，所以必须采用两种不同的材料；②若 $T = T_0$，则 $E_{AB}(T,T_0) = 0$，所以热端、冷端必须具有不同的温度。

5.2.2　热电偶测温原理

$$E_{AB}(T,T_0) = e_{AB}(T) - e_{AB}(T_0)$$

$$e_{AB}(T_0) = C(\text{常数})$$

热电偶的热电特性为

$$E_{AB}(T,T_0) = e_{AB}(T) - C = g(T)$$

上式是被测温度 T 的单值函数。

热电偶分度表：$T_0 = 0°\mathrm{C}$，通过实验建立起热电势与温度之间的数值对应关系。

5.2.3　热电偶基本定律

1.　中间温度定律

用图解中间温度定律，如图 5-27 所示。

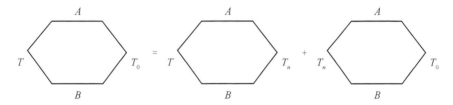

图 5-27　中间温度电偶

参考端：$T_n \neq T_0 = 0\ ℃$。

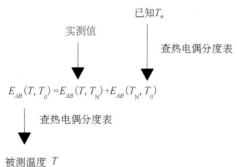

证明：

$$E_{AB}(T,T_n) + E_{AB}(T_n,T_0) = e_{AB}(T) - e_{AB}(T_n) + e_{AB}(T_n) - e_{AB}(T_0)$$

$$= e_{AB}(T) - e_{AB}(T_0) = E_{AB}(T,T_0)$$

2. 中间导体定律

在热电偶回路中，只要接入的第三根导体两端温度相同，则对回路的总热电势没有影响。

1）第一种情况

仪表两端的节点温度为 T_0 时的情况如图 5-28 所示。

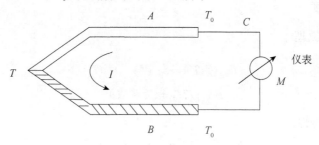

图 5-28　回路电势

证明：

$$E_{ABC}(T,T_0) = e_{AB}(T) + e_{BC}(T_0) + e_{CA}(T_0)$$

若所有节点温度为 T_0，则

$$E_{ABC}(T_0,T_0) = e_{AB}(T_0) + e_{BC}(T_0) + e_{CA}(T_0) = 0$$

$$e_{BC}(T_0) + e_{CA}(T_0) = -e_{AB}(T_0)$$

$$E_{ABC}(T,T_0) = e_{AB}(T) + e_{BC}(T_0) + e_{CA}(T_0) = e_{AB}(T) - e_{AB}(T_0) = E_{AB}(T,T_0)$$

2）第二种情况

仪表两端的节点温度为 T_1 的情况如图 5-29 所示。

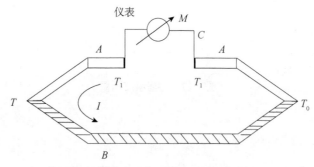

图 5-29　温度电势电路

证明：

$$E_{ABC}(T,T_0,T_1) = e_{AB}(T) + e_{BA}(T_0) + e_{AC}(T_1) + e_{CA}(T_1)$$

$$= e_{AB}(T) + e_{BA}(T_0) + e_{AC}(T_1) - e_{AC}(T_1) = e_{AB}(T) - e_{AB}(T_0) = E_{AB}(T,T_0)$$

3. 标准电极定律

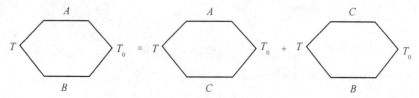

图 5-30　中间电偶转换

图 5-30 中，C 为标准电极，通常采用纯铂丝。

$$E_{AB}(T,T_0) = E_{AC}(T,T_0) + E_{CB}(T,T_0)$$

证明：

$$E_{AC}(T,T_0) + E_{CB}(T,T_0) = e_{AC}(T) - e_{AC}(T_0) + e_{CB}(T) - e_{CB}(T_0)$$
$$= e_{AC}(T) + e_{CB}(T) - [e_{AC}(T_0) + e_{CB}(T_0)] = e_{AB}(T) - e_{AB}(T_0) = E_{AB}(T,T_0)$$

5.2.4　热电偶的误差及其补偿措施

1. 冰浴法（0℃恒温法）

只适用于实验室，工业现场使用极不方便，冰浴法的实际模型如图 5-31 所示。

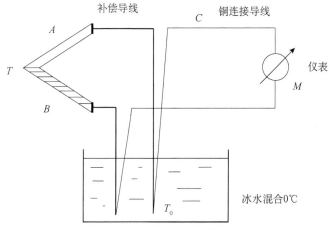

图 5-31　冰浴法实际模型

2. 恒温槽法

恒温模法的实际模型如图 5-32 所示。保持 T_0=恒温。

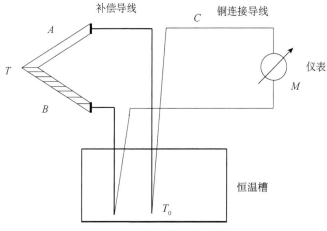

图 5-32　恒温槽法实际模型

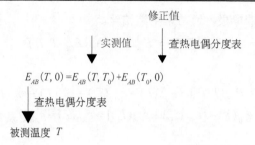

$$E_{AB}(T, 0) = E_{AB}(T, T_0) + E_{AB}(T_0, 0)$$

3. 冷端自动补偿法

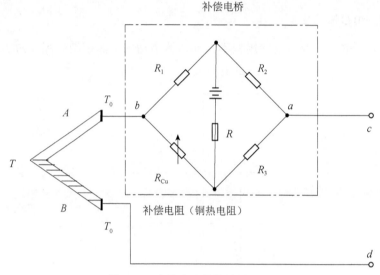

图 5-33　冷端自动补偿法原理图

采用电桥自动补偿如图 5-33 所示。补偿电桥与冷端处于相同的温度下。选取 R_{Cu} 的值，使电桥平衡，$U_{ab}=0$。

当温度升高时，$T_0 \uparrow \rightarrow R_{Cu} \uparrow \rightarrow u_{ab} \uparrow$，同时 $T_0 \uparrow \rightarrow E_{AB}(T, T_0) \downarrow$。

若使 $\Delta u_{ab} = \Delta E_{AB}(T, T_0)$，则 $u_{cd} = \Delta u_{ab} + E_{AB}(T, T_0) - \Delta E_{AB}(T, T_0) = E_{AB}(T, T_0)$，保持恒定不变。

4. 延长热电极法

通过补偿导线来延长热电极如图 5-34 所示。

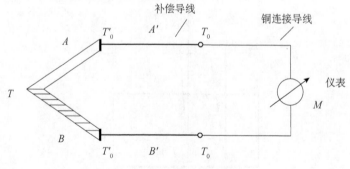

图 5-34　热电极法连线图

补偿导线：其热电性能与相应的热电偶的热电性能十分相近，即 $E_{A'B'}(T_0', T_0) = E_{AB}(T_0', T_0)$

　　补偿导线的作用：①用廉价的补偿导线作为贵金属热电偶的延长导线，以节约贵金属热电偶；②将热电偶的冷端迁移至远离热源且环境温度较恒定的环境中。

5.2.5　热电偶的材料与种类

　　1．电极材料

　　贵金属：铂铑合金、铂。

　　普通金属：铁、铜、铐铜、镍硅合金等。

　　2．常用热电偶

　　（1）铂铑 10-铂热电偶　（贵金属）。

　　正极：90%铂+10%铑（合金丝）。

　　负极：纯铂丝。

　　（2）铂铑 30-铂铑 10。

　　正极：70%铂+30%铑。

　　负极：90%铂+10%铑。

5.2.6　热电偶实用测量电路

　　1．测量单点温度的基本测温线路

　　单点测量温度的基本线路如图 5-35 所示。

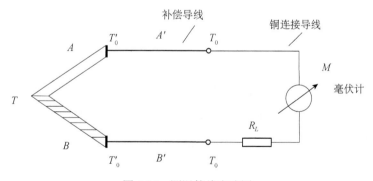

图 5-35　测温接线电路图

　　2．测量两点之间温差的测量线路

　　（热电偶的反向串联）

　　回路中反向串热电偶等效电路如图 5-36 所示。回路总热电势为

$$E_T = e_{FC}(T_0) + e_{CA}(T_0') + e_{AB}(T_1) + e_{BD}(T_0') + e_{DB}(T_0') + e_{BA}(T_2)$$
$$+ e_{AC}(T_0') + e_{CF}(T_0)$$

　　因为

$$e_{FC}(T_0) + e_{CF}(T_0) = 0$$
$$e_{CA}(T_0') = 0 , \quad e_{AC}(T_0') = 0 , \quad e_{BD}(T_0') = 0 , \quad e_{DB}(T_0') = 0$$

所以
$$E_{\text{T}} = e_{AB}(T_1) + e_{BA}(T_2) = e_{AB}(T_1) - e_{AB}(T_2)$$

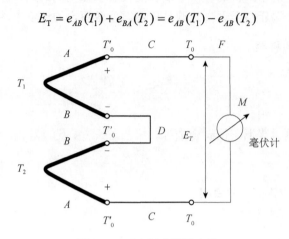

图 5-36　两点温度测量电路

3. 测量几点温度之和的测温线路

（热电偶的正向串联）

回路中正向串热电偶等效电路如图 5-37 所示。

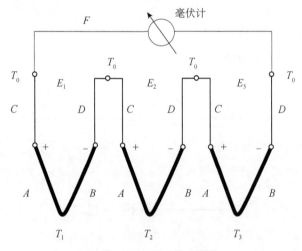

图 5-37　几点温度测温线路

回路总的热电势为
$$E_{\text{T}} = e_{FC}(T_0) + e_{AB}(T_1) + e_{DC}(T_0) + e_{AB}(T_2) + e_{DC}(T_0) + e_{AB}(T_3) + e_{DF}(T_0)$$

因为
$$e_{DC}(T_0) = e_{BA}(T_0) = -e_{AB}(T_0)$$

$$e_{DF}(T_0) + e_{FC}(T_0) = \frac{KT_0}{e}\ln\frac{n_D}{n_F} + \frac{KT_0}{e}\ln\frac{n_F}{n_C} = e_{DC}(T_0) = -e_{AB}(T_0)$$

所以

$$E_T = e_{AB}(T_1) - e_{AB}(T_0) + e_{AB}(T_2) - e_{AB}(T_0) + e_{AB}(T_3) - e_{AB}(T_0)$$
$$= E_{AB}(T_1, T_0) + E_{AB}(T_2, T_0) + E_{AB}(T_3, T_0)$$

4. 测量平均温度的测温线路

（热电偶的并联）

并联热电偶可测量平均温度的原理图如图 5-38 所示，并联平均温度测量等效电路如图 5-39 所示。

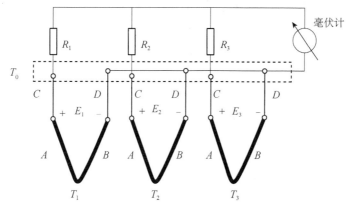

图 5-38　并联平均温度测量线路

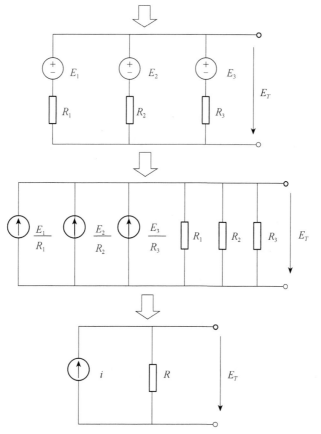

图 5-39　并联平均温度测量等效电路

设

$$R_1 = R_2 = R_3 = R_0$$

则

$$R = R_1 /\!/ R_2 /\!/ R_3 = \frac{R_0}{3}, \quad i = \frac{E_1}{R_0} + \frac{E_2}{R_0} + \frac{E_3}{R_0}$$

$$E_T = iR = \frac{1}{3}(E_1 + E_2 + E_3) = \frac{1}{3}\left[E_{AB}(T_1, T_0) + E_{AB}(T_2, T_0) + E_{AB}(T_3, T_0)\right]$$

5.3　热　电　阻

热电阻：利用金属导体的电阻值随温度变化而变化的特性测量温度的。

原理：基于金属导体的热阻效应。

1. 铂（Pt）热电阻

优点：物理、化学性能稳定，耐氧化能力强，在很宽的温度范围内（1200℃以下）均能保持上述特性。

缺点：α（温度系数）较小，价格昂贵。

1）铂热电阻特性

在 $-190 \sim 0$℃时，有

$$R_t = R_0 \left[1 + At + Bt^2 + C(t - 100)t^3\right]$$

在 $0 \sim 630.74$℃时，有

$$R_t = R_0 \left(1 + At + Bt^2\right)$$

式中，R_0 是温度为 0℃时的电阻值；R_t 是温度为 t℃时的电阻值；A、B、C 是分度系数（由实验测定的常数）。

2）铂热电阻中铂丝的纯度

$$W(100) = \frac{R_{100}}{R_0}$$

3）标准化铂热电阻分度表

工业用铂热电阻：$R_0 = 50\Omega$（分度号：Pt_{50}），$R_0 = 100\Omega$（分度号：Pt_{100}）。

2. 铜热电阻

用于测量精度要求不高，而且被测温度较低、无侵蚀性的场合。

测温范围 $-50 \sim +150$℃。

优点：其 α 值比铂的高，线性好，容易提纯，价格便宜。

缺点：易被氧化。

在 $-50 \sim 150$℃时，有

$$R_t = R_0 \left(1 + \alpha t\right)$$

式中，R_0 是温度为 0℃时的电阻值；α 是铜电阻温度系数，$\alpha = 4.25 \times 10^{-3} \sim 4.28 \times 10^{-3} / ℃$。

分度号：$C\mu_{50}$　　　$(R_0 = 50\Omega)$，　　　　　　$C\mu_{100}$　　　$(R_0 = 100\Omega)$。

3．热电阻的测量电路

1）三线式电桥连接测量电路

图 5-40 中，r_1, r_2, r_3 为引线电阻，取 $R_1 = R_2$，调节 R_3，使 $r_1 + R_t = r_3 + R_3$，电桥平衡，即可消除引线电阻的影响。

2）四线式测量电路

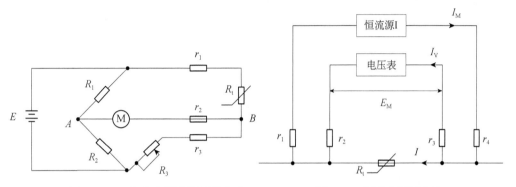

图 5-40　三线式电桥连接测量电路　　　　　图 5-41　四线式测量电路

图 5-41 中，r_1, r_2, r_3, r_4 为引线电阻，电压表内阻很大，所以 $I_V \ll I_M$，$I_V \approx 0$。

$$E_M = E - I_V (r_2 + r_3)$$

$$R_t = \frac{E}{I} = \frac{E_M + I_V (r_2 + r_3)}{I_M - I_V} \approx \frac{E_M}{I_M}$$

由上式可知，引线电阻 r_1, r_2, r_3, r_4 将不引入测量误差。

5.4　热敏电阻

半导体热敏电阻：利用半导体材料的电阻率随温度变化的性质制成的温度敏感元件（热敏元件）。热敏电阻的基本构成如图 5-42 所示。

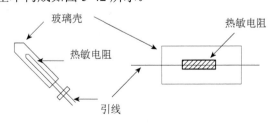

图 5-42　热敏电阻组成图

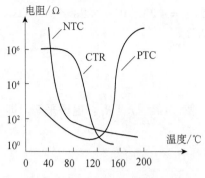

图 5-43　三种温度与电阻关系

1.　基本类型

（1）负温度系数热敏电阻（Negative Temperature Coefficient，NTC）用于温度测量，应用最广泛。

（2）正温度系数热敏电阻（Positive Temperature Coefficient，PTC）用于温度测量、温度控制开关（温控开关）。

（3）临界温度系数热敏电阻（Critical Temperature Resistance，CTR）用于温控开关。

图 5-43 简洁直观地总结了三种温度与电阻的关系。

2.　热敏电阻的温度特性

对于负温度系数热敏电阻（NTC），有

$$R_{\mathrm{T}} = R_0 \mathrm{e}^{B\left(\frac{1}{T}-\frac{1}{T_0}\right)}$$

式中，R_{T}, R_0 分别为温度 T（K）和 T_0（K）时的阻值；B 为热敏电阻的材料常数，通常 $B=2000{\sim}6000\mathrm{K}$。

定义：热敏电阻的温度系数 α_{T} 为

$$\alpha_{\mathrm{T}} = \frac{1}{R_{\mathrm{T}}} \cdot \frac{\mathrm{d}R_{\mathrm{T}}}{\mathrm{d}T} = -\frac{B}{T^2}$$

温度变化引起的阻值变化大，非常适合测量微弱温度变化。

3.　热敏电阻输出特性的线性化处理

1）线性化网络

（1）串联补偿电路。

热敏电阻串联补偿输出特性线性处理如图 5-44 所示。

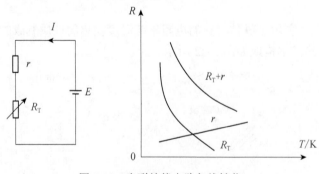

图 5-44　串联补偿电路与线性化

（2）并联补偿电路。

热敏电阻并联补偿输出特性线性处理如图 5-44 所示。

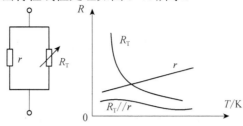

图 5-45　并联补偿电路与线性化

2）计算修正法

计算机修正法包括硬件（电子线路）法和软件（程序）法。

3）利用温度-频率转换电路改善非线性

5.5　PN 结型温度传感器

热电偶——测温范围宽，但其热电势较小。

热敏电阻——测温范围窄，输出特性为非线性，但灵敏度高，有利于检测微小温度变化。

PN 结型温度传感器——输出特性呈线性，测量精度高。

1. 温敏二极管

对于理想二极管，在一定的正向电流下，其正向电压与温度的关系为

$$U_F\!\downarrow = U_{g0} - \frac{k_0 T\!\uparrow}{e}\ln\!\left(\frac{B'T^{\gamma}}{I_F}\right)$$

式中，I_F 为正向电流；T 为热力学温度。

2DWM1 型温敏二极管的 U_F-T 特性如图 5-46 所示。

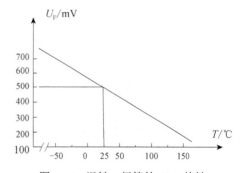

图 5-46　温敏二极管的 U_F-T 特性

2. 温敏三极管

如图 5-47 所示，NPN 晶体管的基极-发射极电压与温度 T 和集电极电流 I_C 的关系（发射极正向偏置）为

$$U_{BE}\!\downarrow = U_{g0} - \frac{k_0 T\!\uparrow}{e}\ln\!\left(\frac{B'T^{\gamma}}{I_C}\right), \qquad I_C = \frac{E}{R_C}\ \text{（恒定）}$$

基本测温电路：

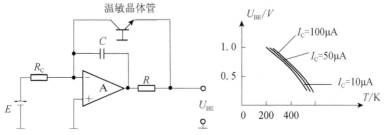

图 5-47　温敏测量电路与温度对电压、电流的影响

3. 集成温度传感器

集成温度传感器：将温敏晶体管及其辅助电路集成在同一芯片的集成化温度传感器称为集成温度传感器。

优点：直接给出正比于热力学温度的理想的线性输出，体积小，低成本，是现代半导体温度传感器的主要发展方向之一。

应用：广泛用于−50~+150℃温度范围内的温度监测、控制。

5.6　热电式温度传感器应用举例

5.6.1　高精度 K 型热电偶数字温度计

这里阐述的数字测温仪表是采用 K 型热电偶作为传感器的。电路采用近几年生产的先进器件，所用的元器件少，性能优良，精度高，具有先进水平，测温范围为 0~1200℃。

1. 传感器

传感器采用 K 型热电偶，它的精度分为三级：0.4 级、0.75 级、1.5 级，本电路采用 0.75级 K 型热电偶。

2. 测量电路

热电偶的输出电压很小，每度只有数十微伏的输出，这就需要运算放大器的漂移必须很小。另外，热电偶都有非线性误差，这就要求有非线性校正电路。

1）基准接点补偿和放大电路

实验室测温可将热电偶的高温端置于被测温度处，低温端置于 0℃，但这给许多应用带来不便。需要将低温端进行基准接点补偿，再将微小的热电动势进行放大。

用于 K 型热电偶零点补偿和放大的电路已研制成为集成电路，如 AD595。AD595 中又分为几种类型，其中有校准误差为±1℃（max）的高精度 IC，如 AD595C 就是一种。

AD595 是美国模拟器件公司的产品，它的两个输入端子+IN，−IN 通过插座 CN 接入 K型热电偶，对热电动势进行零点温度补偿和放大，AD595 还具有热偶断丝报警的功能，当热电偶断丝时，晶体管 VT 导通，发光二极管点燃。

基准接点补偿和放大电路如图 5-48 左侧所示。

2）非线性校正电路

热电偶的热电动势和温度不呈线性关系，一般可用

$$E=a_0+a_1T+a_2T^2+\cdots+a_nT^n$$

表示。式中，T 为温度；E 为热电动势；a_0，a_1，$\cdots$，a_n 为系数。

根据热电偶的热电动势分度表可由最小二乘法或计算机程序计算出 a_0，a_1，$\cdots$，a_n。

K 型热电偶热电动势经 AD595 放大后，其输出电压为

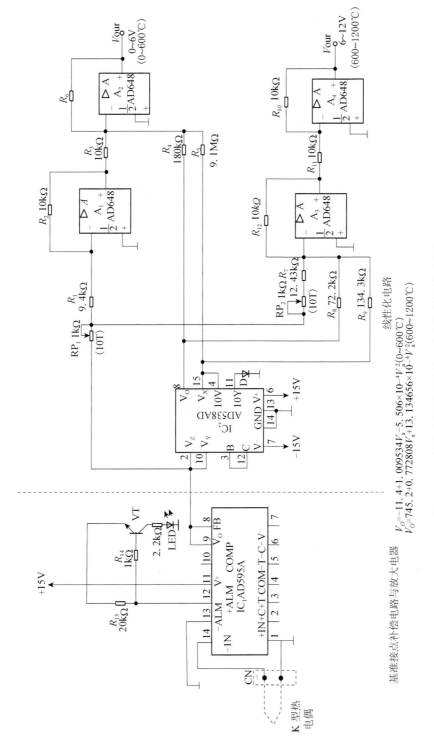

$V_O=-11.4+1.009534V_a-5.506\times10^{-4}V_a^2(0\sim600\,℃)$
$V_O=745.2+0.772808V_a+13.134656\times10^{-4}V_a^2(600\sim1200\,℃)$

图 5-48　K 型热电偶零点补偿—放大与线性校正电路

$$V_o = \left(-11.4 + 1.009534V_a - 5.506 \times 10^{-6}V_a^2\right)\text{mV}$$

$$(0 \sim 600℃) \tag{5-1}$$

$$V_o = \left(745.2 + 0.772808V_a + 13.134656 \times 10^{-6}V_a^2\right)\text{mV}$$

$$(600 \sim 1200℃) \tag{5-2}$$

式中

$$V_a = 249.952V_{iN}$$

式中，V_{iN} 为 AD595 的输入电压，即热电偶的输出电动势。

由于线性化电路只取 V_o 的最高幂次为 2，所以式（5-1）和式（5-2）还是比较近似的。尽管这样，在 0~1000℃ 范围内，仍可以将原来的较大误差校正为 1~2℃ 的误差，相当于（0.1%~0.2%）的相对精度。

由式（5-1）和式（5-2）可知，还需要一个平方电路和加法电路。

3）平方电路

平方电路使用专用集成电路 AD538，该集成电路有三个输入端子 V_X、V_Y、V_Z，而且有下面的函数关系：

$$V_{OUT} = V_Y \left(V_Z / V_X\right)^m$$

$$m = 0.2 \sim 5$$

它作为平方电路，不需要再加任何元件，最适合用于线性校正电路。AD538 内部有基准电压电路，能提供＋10V（4 脚）和 2V（5 脚）的基准电压，它可以为自身或外电路提供电压源。

在电路图 5-49 中，V_Z、V_Y 短接后接 AD595AD 的输出 V_o（9 脚），即

$$V_Z = V_Y = V_a$$

V_X 端（15 脚）与 10V（4 脚）相接，即

$$V_X = 10V$$

由于 B（7 脚）与 C（12 脚）相连，所以

$$m = 1$$

有

$$V_o = V_a^2 / 10000\text{mV}$$

4）反相加法器

现在介绍满足以下公式的电路设计方法：

$$V_{OUT} = \left(-11.4 + 1.009534V_a - 5.506 \times 10^{-6}V_a^2\right)\text{mV} \tag{5-3}$$

前述已经得到了 V_a 和 V_a^2。

显然满足式（5-3）的电路为一个加法电路。这个加法器是 A_2 组成的运放电路。

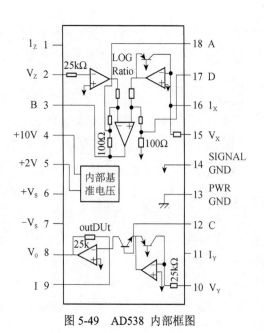

图 5-49 AD538 内部框图

V_a 的一次系数 1.009534 是由运放电路 A_1 提供的，即 A_1 的输出电压为

$$V_{o1} = \frac{R_2}{R_1 + W_1} V_a$$

调整电位器 RP_1 可使 $V_{o1} \approx -1.0095 V_a$。因此 A_1 是一个一次系数放大器。

A_2 是一个反相加法放大电路；R_6 与 R_3 组成一个系数为 -1 的支路。

$$R_6 / R_3 = -1$$

它将 $V_{o1} = -1.0095 V_a$ 转换成 $V_o = 1.0095 V_a$。

R_6 与 R_4 组成 V_a 的二次系数放大支路，即

$$R_6 / R_4 = 0.0555$$

所以 $V_{O2}^w = -555 \times 10^{-6} V_o^2$。

R_6 与 R_5 组成常系数为 -11.4 的偏置电路，该支路的放大分量为

$$V_{O2}^w = -10V R_6 / R_5 = -11\text{mV}$$

由叠加原理得

$$V_{OCT} = \left(-11 + 1.0095 V_a - 555 \times 10^{-6 V_a^2} \right) \text{mV} \quad (5\text{-}4)$$

和式（5-3）大体相当。

当然可以设计电路参数使 V_{OUT} 完全满足式（5-3）。

同理，满足式（5-4）的电路由运放 A_3 和 A_4 完成，常数项由 10V R_{10}/R_1 = 744.6 完成，一次项由 R_{10}/R_7 + RP_2 = 0.7728 完成，二次项由 R_{10}/R_8 = 0.1312 完成。

该测温电路无论 0~600℃，还是 600~1200℃，大约都具有 10mV/℃ 的灵敏度，其输出电压和温度具有良好的线性关系。

3. 调试

由电路图 5-49 可知，$IC_1$595 和 IC_2AD538AD 除热电偶断线报警电路 VT 外，都未外接元件，因此 IC_1 和 IC_2 无须调整，这是因为大量的调试工作已由集成电路技术完成。

需作调试的是 A_1~A_4。主要是闭环放大倍数的调整。图 7-26 中的 R_1、R_7、R_8、R_9 均为非标称电阻，它们可由两个标称电阻串联组成。

RP_1 的调整要满足

$$R_2/(R_1 + RP_1) = 1.0095$$

同样，RP_2 的调整要满足

$$R_{10}/(R_7 + RP_2) = 0.7728$$

整个的调试工作均要满足式（7-13）和式（7-16）。

4. A/D 转换

将 0~6V 和 6~12V 的输出电压通过转换开关输入到 A/D 转换器进行数字显示。

比较简化的方法是，将模拟电路（图 5-49）组装完后，将输出电压输入数字电压表，可由数字电压表读取温度值。

5.6.2　热电阻式传感器的应用

在工业上广泛应用金属热电阻传感器作为-200~+500℃范围内的温度测量，在特殊情况下，测量的低温端可达 3.4K，甚至更低（1K 左右），高温端可达 1000℃，甚至更高，而且测量电路也较为简单。金属热电阻传感器做温度测量的主要特点是精度高，适用于测低温（测高温时常用热电偶传感器），便于远距离、多点、集中测量和自动控制。

热敏电阻传感器具有体积小、响应速度快、灵敏度高、价格便宜等优点，因而广泛应用于温度测量和控制、温度补偿、液面测量、流量测量、气压测量、火灾报警、开关电路、过载保护、时间延时、稳定振幅、自动增益调整等电气设备中。

1.　温度测量

利用热电阻的高灵敏度进行液体、气体、固体等方面的温度测量，是热电阻的主要应用。工业测量中常用三线制接法，标准或实验室精密测量中常用四线制。这样不仅可以消除连接导线电阻的影响，而且可以消除测量电路中寄生电势引起的误差。在测量过程中需要注意的是，要使流过热电阻丝的电流不要过大，否则会产生过大的热量，影响测量精度。

2.　温度控制

利用热敏电阻作为测量元件还可组成温度自动控制系统。图 5-50 是温度自动控制电加热器电路原理图。图中接在测温点附近（电加热器 R）的热敏电阻 R_t 作为差动放大器（VT_1、VT_2 组成）的偏置电阻。当温度变化时，R_t 的值也发生变化，引起 VT_1 集电极电流的变化，经二极管 VD_2 引起电容 C 充电速度的变化，从而使单结晶体管 VJT 的输出脉冲移相，改变晶闸管 V 的导通角，调整加热电阻丝 R 的电源电压，达到温度自动控制的目的。

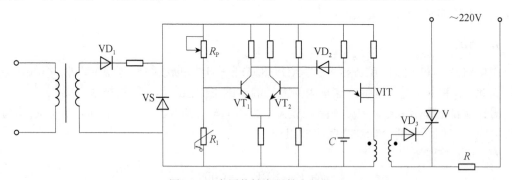

图 5-50　应用热敏电阻的电加热器

3.　热过载保护

利用热敏电阻具有很高的负电阻温度系数这一特性还可用于热过载保护，图 5-51 所示为应用热敏电阻作为电动机过热保护的实例。图中三只特性相同的热敏电阻 R_{t1}、R_{t2}、R_{t3} 分别放置在电动机的三相绕组上，并串联作为三极管 VT 的偏置电阻。电动机正常工作时，其绕组温度较低，三极管 VT 截止，继电器 K 不动作。当电动机过载或断相时，电动机绕组温度急剧上升，热敏电阻的阻值迅速减小，三极管立即导通，继电器 K 得电，其常闭触点断开电动机控制电路，起到保护电动机的目的。实践表明，这种热过载保护比熔丝和双金属片热继电器效果更好。

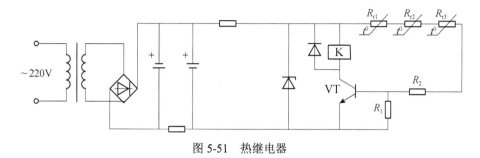

图 5-51　热继电器

4.　流量测量

利用热电阻上的热量消耗和介质流速的关系还可以测量流量、流速、风速等，图 5-52 就是利用铂热电阻测量气体流量的一个例子。图中热电阻探头 R_{t1} 放置在气体流路中央位置，它所耗散的热量与被测介质的平均流速成正比；另一热电阻 R_{t2} 放置在不受流动气体干扰的平静小室中，它们分别接在电桥的两个相邻桥臂上。测量电路在流体静止时处于平衡状态，桥路输出为零。当气体流动时，介质会将热量带走，从而使 R_{t1} 和 R_{t2} 的散热情况不一样，致使 R_{t1} 的阻值发生相应的变化，使电桥失去平衡，产生一个与流量变化相对应的不平衡信号，并由检流计 P 显示出来，从检流计的刻度值上可以直接反映气体流量的大小。

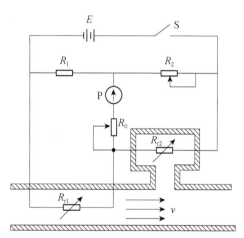

图 5-52　热电阻式流量计电路原理图

5.　电冰箱无接点启动器

电冰箱上使用无接点启动器，它由 PTC 热敏电阻组成，线路图如图 5-53 所示。PTC 热敏电阻是具有随温度升高、电阻值增大的正温度系数元件。当电流通过时，PTC 热敏电阻发热，温度上升，在 1~3s 以内电阻值增大，通过 PTC 热敏电阻上电流减少，使启动电容器停止工作。运转用电容器在运转中也增加交流电压，因此，使用运转用电容器，可得到较大的启动力矩，常用于负荷变动较大的大型冰箱压缩机的电机中。

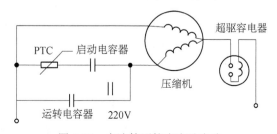

图 5-53　电冰箱无接点启动电路

6. 自动炊饭锅

微波电炉灶是理想的做饭炊具，传感器和微机装在控制器内，能自动检测炊饭容量，并根据炊饭量确定需要的功率进行加热。

图 5-54 是微波电炉灶炊饭锅的电路框图。炊饭控制器在炊饭器侧面，由热敏电阻间接检测炊饭器内米的温度。根据微机确定经过两温度点间需要的时间，可检测出炊饭容量，从而用相应的功率加热炊饭容器。

这种炊饭控制器的工作原理是：热敏电阻将洗过的米维持在 35℃，让米充分吸水。当温度高于糊化温度（约 63℃）时，吸过水的米再吸收水分。热敏电阻检测炊饭容量，从而控制加热功率，使沸点维持在 98℃，米充分吸水，炊饭容器底部的水分没有了，切断热敏电阻，加热器停止加热。

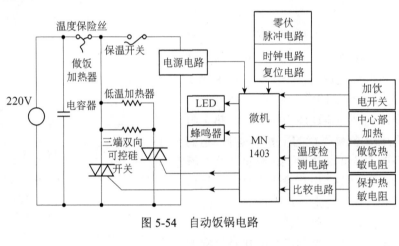

图 5-54　自动饭锅电路

习　　题

1. 什么是金属导体的热电效应？试说明热电偶的测温原理。

2. 试分析金属导体产生接触电动势的原因。

3. 补偿导线的作用是什么？使用补偿导线的原则是什么？

4. 简述热电偶的几个重要定律，并分别说明它们的实用价值。

5. 试证明图 5-55 所示热电偶回路中，加入第三种材料 C，第四种材料 D（无论插入何处），只要插入材料两端温度相同，则回路总电动势不变（$n_A > n_B$，$t > t_0$）。

6. 用镍铬-镍硅（K）热电偶测温度，已知冷端温度为 40℃，用高精度毫伏表测得这时的热电动势为 29.188mV，求被测点温度。

7. 图 5-56 所示为镍铬-镍硅热电偶，A'、B' 为补偿导线，Cu 为铜导线，已知接线盒 1 的温度 $t_1 = 40.0℃$，冰水温度 $t_2 = 0.0℃$，接线盒 2 的温度 $t_3 = 20.0℃$。

（1）当 $U_3 = 39.310\text{mV}$ 时，计算被测点温度 t。

（2）如果 A'、B' 换成铜导线，那么此时 $U_3 = 37.699\text{mV}$，再求 t。

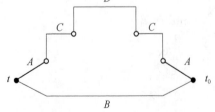

图 5-55　热电偶测量回路

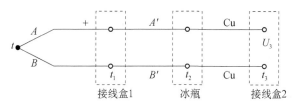

图 5-56 采用补偿导线的镍铬-镍硅热电偶测温示意图

8. 图 5-57 所示热电偶测温线路，A、B 为热电极，A'、B' 是两种廉价金属，它们的电子浓度之比相等，$n_A / n'_A = n_B / n'_B$。

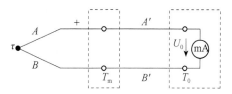

（1）求证：A'、B' 与 A、B 连接后总的 U_0 取决于 A、B 及 T、T_0，而与 T_n 及 A'、B' 无关。

（2）A'、B' 在测量中起什么作用？

图 5-57 热电偶测温线路

9. 什么是压电效应？以石英晶体为例说明压电晶体是怎样产生压电效应的。

10. 常用的压电材料有哪些？各有什么特点？

11. 压电式传感器能否用于静态测量？为什么？

12. 某压电式压力传感器的灵敏度为 8×10^{-4} pC/Pa，假设输入压力为 3×10^5 Pa 时的输出电压是 1V，试确定传感器的总电容量。

13. 某压电式加速度计及电荷放大器测量振动，若传感器灵敏度为 7pC/g（g 为重力加速度），电荷放大器灵敏度为 100mV/pC，试确定输入 3g 加速度时系统的输出电压。

14. 图 5-58 所示为用压电式加速度和电荷放大器测量某种机器的振动，已知传感器的灵敏度为 100pC/g，电荷放大器的反馈电容 $C_f = 0.01\mu F$，测得输出电压峰值为 $U_{om} = 0.4V$，振动频率为 100Hz。

（1）求机器振动加速度的最大值 a_m（m/s²）；

（2）假定振动为正弦波，求振动速度 $v(t)$；

（3）求出振动幅度的最大值 x_m。

提示：$a(t) = a_m \sin \omega t$；$\omega = 2\pi f$；

$$v(t) = \int a(t) \, dt;$$

$$x(t) = \int v(t) \, dt = -\frac{a_m}{\omega^2} \sin \omega t$$

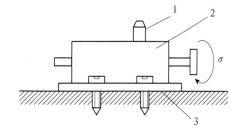

图 5-58 压电式加速度测振示意图

1-传感器；2-机器；3-底座

15. 根据图 5-59 所示的石英晶体切片上的受力方向，标出晶体切片上产生电荷的符号。

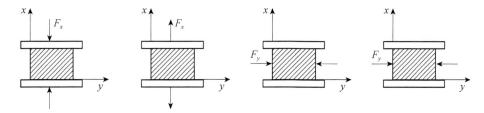

图 5-59 石英晶片切片的受力示意图

第6章　气敏和湿敏传感器

气敏传感器是一种把气体（多数为空气）中的特定成分检测出来，并将它转换成电信号的器件，以便提供有关待测气体的存在及其浓度大小的信息。

气敏传感器最早用于可燃性气体及瓦斯泄漏报警器，用于防灾，保证生产安全。以后逐步推广应用，用于有毒气体的检测、容器或管道的检漏、环境监测（防止公害）、锅炉及汽车的燃烧监测与控制（可以节省燃料，并且可以减少有害气体的排放）、工业过程的检测与自动控制（测量分析控制生产过程中某一种气体的含量或浓度）。近年来，在医疗、空气净化、家用燃气灶、热水器等方面，气敏传感器得到普遍应用。

6.1　气敏传感器

非电信号（气体）　→　气敏传感器　→　电信号

图 6-1　气敏传感器

气敏传感器的定义：用来测量气体的类别、浓度和成分（图 6-1）。

气敏传感器的用途：用于可燃性气体、有毒气体的泄漏报警、环境监测。

气敏传感器的分类：半导体气敏传感器（使用最多）、非半导体气敏传感器。

半导体气敏传感器的定义：利用半导体材料与气体相接触时，其阻值（或功函数）的改变来检测气体的成分或浓度。

SnO_2（氧化锡）敏感材料（20 世纪 60 年代研制）：是目前应用最多的一种气敏材料。

半导体气敏传感器的分类：电阻型半导体气敏传感器、非电阻型半导体气敏传感器。

1. 电阻型半导体气敏传感器

利用气体在半导体表面的氧化和还原反应导致敏感元件阻值变化制成的传感器，如图 6-2 所示。主要用于检测可燃性气体，具有灵敏度高、响应快等优点。

气敏传感器的组成：气敏元件、加热器、封装体。

气敏元件分烧结型气敏器件、薄膜器件、厚膜型器件。

烧结型气敏器件：

加热器的作用：将附着在敏感元件表面上的尘埃、油雾等烧掉，加速气体的吸附，提高其灵敏度和响应速度。

气敏器件的基本特性：

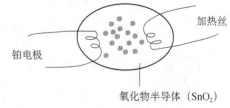

加热丝

铂电极

氧化物半导体（SnO_2）

图 6-2　气敏传感器示意图

$$\log R_c = m \log C + n$$

式中，R_c 为气敏元件的阻值；C 为空气中被测气体的浓度；n 为与气体检测灵敏度有关，除了随材料和气体种类不同而变化，还会由于测量温度和添加剂的不同而发生大幅度变化；m 为气体的分离度，随气体浓度变化而变化，对于可燃性气体，$\frac{1}{3} \leqslant m \leqslant \frac{1}{2}$，如图 6-3 所示。

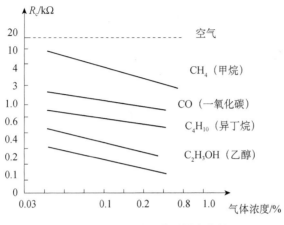

图 6-3　SnO_2 气敏元件灵敏度特性

2．非电阻型半导体气敏传感器

利用半导体对气体的吸附和反应，使其某些有关特性变化对气体进行直接或间接检测。

（1）FET 型场效应晶体管气敏传感器。

（2）MOS 二极管气敏传感器。

6.2　湿敏传感器

6.2.1　湿度的定义

1．定义

湿度是指空气中含有水蒸气的量（含有水蒸气的空气是一种混合气体）。

2．水蒸气百分含量法（质量百分比、体积百分比）

质量百分比 $= \frac{m}{M} \times 100\%$（$m$ 为水蒸气的质量，M 为混合气体的质量）。

体积百分比 $= \frac{v}{V} \times 100\%$　（v 为水蒸气的体积，V 为混合气体的体积）。

3．相对湿度和绝对湿度

1）相对湿度（反映了大气的潮湿程度）

$$RH\% = \frac{e}{e_s} \times 100\%$$

式中，e 为水蒸气压，是指在一定的温度条件下，混合气体中存在的水蒸气压；e_s 为饱和水蒸气压，是指在同一温度下，混合气体中所含水蒸气压的最大值。

2）绝对湿度（又称水气浓度或水气密度）

表示在单位体积空气中所含水蒸气的质量。

$$AH = \frac{M}{V}(\text{kg}/\text{m}^3)$$

6.2.2　湿敏传感器的主要参数

1．湿度量程

湿度量程是湿敏传感器技术规范中所规定的感湿范围。

2．湿敏传感器的特性

描述湿敏传感器的输出（感湿特征量（电阻或电容，用电阻较多））与被测湿度（RH%）之间的关系。

阻湿特性：$R_H = f$（湿度 RH%）。

半导体陶瓷湿敏元件如下。

正特性湿敏半导体陶瓷：湿度 RH%↑→R_H↑，如图 6-5 所示，如 Fe_3O_4。

负特性湿敏半导体陶瓷：湿度 RH%↑→R_H↓，如图 6-4 所示。

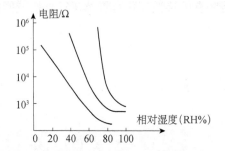
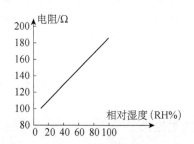

图 6-4　几种半导体陶瓷的负湿敏特性　　　图 6-5　Fe_3O_4 半导体陶瓷的正湿敏特性

3．感湿灵敏度（又称湿度系数）

定义：在某一相对湿度范围内，相对湿度（RH）改变 1% 时，湿度传感器电参量的变化值。

4．感湿温度系数

定义：环境温度每变化 1℃ 时，所引起的湿度传感器的湿度误差。

6.2.3　湿敏传感器的测量电路

湿敏传感器基本构成测量电路如图 6-6 所示。

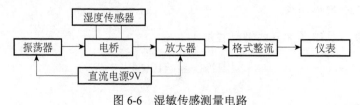

图 6-6　湿敏传感测量电路

6.3 气敏传感器的应用

6.3.1 换气扇的自动控制电路

图 6-7 是利用国产型号 QM-N5 气敏半导体器件构成的换气扇自动控制电路。

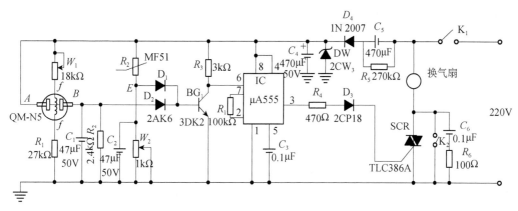

图 6-7 换气扇自动控制电路

图 6-7 中，气敏传感器 QM-N5 与 W_1、C_1、R_1、R_2 一起构成气体检测电路。D_1 和 D_2 构成或门逻辑电路。三极管 BG_1 工作在开关状态。$IC\mu A555$ 接成双稳模式。SCR 作为一只单向开关。

合上开关 K_1，可为电路提供 9V 左右的直流电源。QM-N5 的体电阻随着室内有害气体的浓度的变化而改变。平时，如果室内无有害气体或其浓度在允许值范围内，则气敏传感器两检测端 A、B 间的阻值较大，使 B 点电位低于 1V，此时 D_2、BG_1 均截止，IC 的 6 脚为高电平，3 脚为低电平，SCR 处于断开状态，换气扇不工作。一旦室内的有害气体或油烟浓度超过允许值，气敏传感器 A、B 间的阻值迅速减少，使 B 点电位升高，导致 D_2、BG_1 导通，IC 的 6 脚电位下降，3 脚输出高电平，于是 SCR 导通，换气扇得电而工作，直至室内气体成分恢复正常。换气扇才终止工作。

当室内无有害气体，室温远低于人体温度（36℃）时，因热敏电阻 R_t 的阻值较大，使 E 点电位低于 1V，此时，换气扇不工作；一旦室温上升到接近人体温度，R_t 的阻值减少，这时 E 点电位升高，换气扇得电工作。直至室温恢复正常值，换气扇才停止工作。

换气扇的工作状态受两种敏感元件的检测信号 V_B 和 V_E 的控制，只有当有害气体和室温均处于正常状态时，换气扇才不工作。两者中只要有一个不正常，换气扇就会旋转。

为了稳定检测信号的幅值，在电路中加入了 C_1 和 C_2。手控开关 K_2 是为方便使用而增加的，平时处于断开状态。在 SCR 两端并接了 RC 吸收网络，以确保其不被损坏。

6.3.2 吸排油烟机自动控制电路

图 6-8（a）是利用 TGS109 构成的用于吸排油烟机自动控制电路。TGS 是利用氧化亚锡半导体的导电率与其表面吸附的气体有关这一特性来检测各种气体的。它的结构如图 6-8（b）所示。

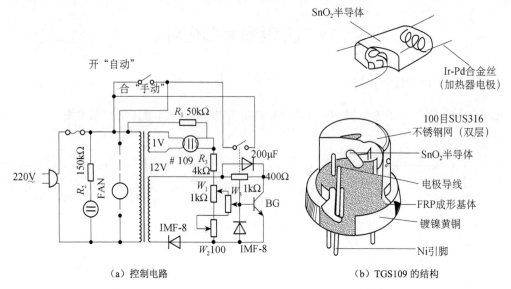

（a）控制电路　　　　　　　　　　　　　　（b）TGS109 的结构

图 6-8　吸排油烟机自动控制电路和 TGS109 结构

兼作电极作用的加热器直接埋在块状结构的氧化亚锡（SnO_2）半导体内部，为了获得适当的气体检测灵敏度，使用时要通过加热器对半导体进行加热，4kΩ的负载与传感器相串联，外加电路电压 100V。自动吸排油烟机能感知厨房油烟、烟雾等造成空气污染，并开动排风扇，自动净化空气。

当室内空气受到污染时，随着污染气体浓度的增加，传感器的电阻值就会减少，一旦空气污染浓度达到某一数值，即图中 W_2 设置的数值 C_s 时，晶体管 BG 就会导通，从而继电器开始工作，排风扇启动通风换气。本电路的工作充分利用了继电器启动电压和返回电压的不同，也就是说，当空气中污染气体的浓度超过 C_s 时，排风扇工作，排出污染的空气。但是，即使气体浓度降低到 C_s 以下，排风扇仍继续工作，直至污染浓度降低到足够低的 C_d 点才停止。因此，该电路既能避免排风扇的振动，又能充分进行通风排气。图 6-9 表示气体浓度和排风扇开关的关系。另外，电路中的 R_1 和 W_1 分别用于修正传感器元件的固有电阻及灵敏度的离散度。

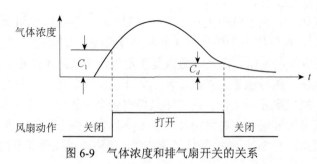

图 6-9　气体浓度和排气扇开关的关系

6.3.3 家用气体报警器

图 6-10 是用 QM-N5 型气敏半导体元件作气-电转换器的家用气体报警器电路。该电路电源是由 220V 交流电压经桥式整流电路整流、C_2 滤波、D_W 稳压管稳压后，输出 6V 直流电压。该电压一方面给 QM-N5 型气敏器件加热丝加热，另一方面供给晶体管 BG_1、BG_2 组成的开关电路和 $BG_3 \sim BG_6$ 组成的报警声响电路。适当选择 R_3 可使 QM-N5 型气敏元件获得最佳的加热电压值。QM-N5 与 R_4、W_1 组成报警信号取样电路，调节电位器 W_1 可调整报警器的报警点。当气敏器件接触可燃性气体且气体浓度达到报警浓度时，QM-N5 型气敏器件的阻值降低，电位器 W_1 两端电压升高，使 BG_1 由截止状态转为导通状态。R_5 两端电压升高又使 BG_2 导通，经 R_7 输出直流电压给报警器声响电路，发出报警声响。

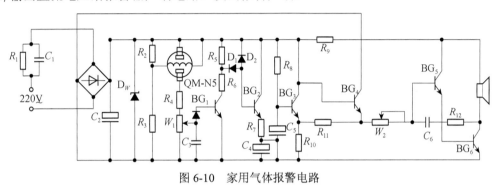

图 6-10 家用气体报警电路

6.3.4 具有温湿度补偿的气体报警器

半导体气敏器件的性能受周围环境温度和湿度的影响，为了补偿这种影响，一般都采用热敏电阻。

图 6-11 是用 TGS813 型旁热式气敏器件构成的具有温湿度补偿的气体报警电路。气敏器件与热敏电阻分别接在运算放大器 A 的同相和反相输入端。要求热敏电阻 R_T 的电阻温度系数与气敏器件温度系数相同或接近，当周围环境温度升高时，热力学温度升高，气敏器件的阻值将降低，此时热敏电阻的阻值也降低，从而实现了补偿。

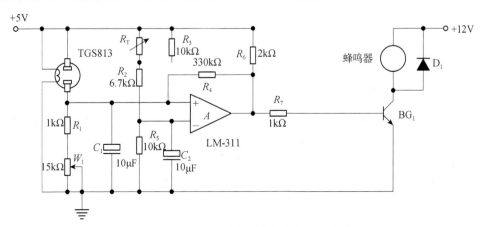

图 6-11 具有温湿度补偿的气体报警器电路

6.3.5 气体／烟雾报警器

图 6-12 是采用 TGS202 气敏传感器构成的气体烟雾报警器电路，它能探测 CO、CO_2、甲烷、煤气等多种气体。其灵敏度可达 10×10^{-6}。

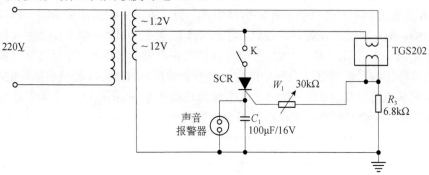

图 6-12　气体/烟雾报警器（1）

当气体浓度增加时，气体传感器内阻变低，相应地提高了 R_2 上的电压，使可控硅 SCR 导通，声音报警器发出报警信号。电位器 W_1 调节电路的灵敏度。开关 K 是复位开关。当气体消失时，加热器将传感器内残余的气体烧尽，传感器内阻增加，R_2 上的电压下降，使电路复位后不能再次触发可控硅 SCR，报警器处于等待状态。初次使用的 TGS 型传感器应在无碳氢化合物的环境中预先加热 15 分钟，方可正式投入使用。本电路采用交流供电，也可以采用直流供电。

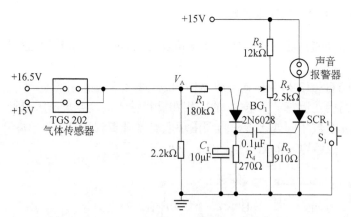

图 6-13　气体/烟雾报警器（2）

图 6-12 所示的气体烟雾报警器与图 6-13 相似，也是采用 TGS202 气敏传感器作为探测元件的。当有气体或烟雾存在时，气体传感器内阻下降，V_A 迅速上升，触发单结晶体管 BG_1，BG_1 的输出脉冲又触发可控硅 SCR_1，使声音报警器发出音响报警信号，积分电路 R_1C_1 所产生的延时，可防止短时间微量烟雾（如抽烟时产生的烟）引起的误报警，S_1 是复位开关，R_5 可调节报警灵敏度。

图 6-14 是采用国产型号 QM-N$_2$ 型气敏元件构成的可燃性气体报警器的电路，它对液化石油气罐漏气有很灵敏的报警功能，还能对挥发性蒸汽的浓度进行检测，可用于汽车司机饮酒探测器。它对烟雾也较灵敏，可作为烟雾报警或火灾预报警器。

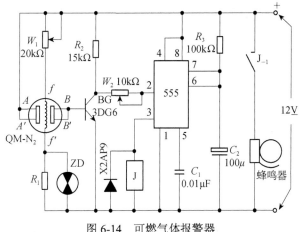

图 6-14　可燃气体报警器

当可燃性气体达到一定浓度时，气敏传感器 QM-N$_2$ 的 B-B′ 端输出一高电平，触发时基电路 555，使由 555 等组成的单稳态电路翻转至暂稳态，其第 3 脚输出一高电平，继电器 J 吸合，触点 J$_{-1}$ 闭合，使蜂鸣器得到工作电压发出报警叫声。与此同时，555 内部的放电管截止，电源电压通过 R$_3$ 给 C$_2$ 充电，使 555 的第 6 脚电位不断升高，当达到 2/3V_{cc} 时，555 从暂态回到稳态，第 3 脚又输出低电平，继电器 J 释放，J$_{-1}$ 断开，蜂鸣器不发声。但此时由于可燃性气体或烟雾还未减小到低浓度，B-B′ 端电压仍很高，晶体管 BG 仍处于导通状态，555 的第 2 脚仍为低电平，所以第 3 脚又立即回到高电平，继电器 J 无法释放，仍会响起报警声。一旦故障全部排除，B-B′ 端处于低电平，晶体管 BG 截止，555 第 2 脚回到高电平。再经约 10s 的充电时间，第 6 脚电位上升到 2/3V_{cc}，第 3 脚变为低电平输出，555 回到稳态，继电器 J 释放，J$_{-1}$ 断开，蜂鸣器停止叫声。

除图 6-14 中已注明元件型号以外，继电器 J 可选用 JRC-5M-12V 或 JRC-13F-12V。电位器 W$_1$ 的作用是用它来保证 QM-N$_2$ 气敏元件的加热器 f-f′ 两端电压为 4.5V，而电位器 W$_2$ 是用来调节报警灵敏度的。蜂鸣器的工作电压为 12V。

6.3.6　气敏传感器在汽车上的应用

为了防止灾害，并达到安全、节能的要求，近年来，在汽车工业方面正使用着各种各样的气体传感器。下面介绍二氧化锆氧气传感器。

在发动机的燃气控制中，为了提高排气、节油和燃烧的效果，采用了固体电解质氧气传感器。

氧气传感器用于电子控制燃油喷射装置中的反馈系统，检测排放气体中的氧气浓度、空燃比的浓稀，监测汽缸内是否按理论空燃比（15：1）进行燃烧，并向计算机反馈。

这种传感器的结构如图 6-15 所示。它是由产生电动势的二氧化锆管，起电极作用的衬套，以及防止二氧化锆管损坏和导入汽车排气的进气孔组成的。

二氧化锆管的内外表面均涂覆薄薄一层铂，铂既可以成为电极，又具有电势放大作用。二氧化锆管的外表面处于氧气浓度较低的汽车所排放的气体中，而管的内表面则导入周围空气。由于大气中的氧浓度比排气电极处的浓度高，所以氧气通过二氧化锆管后，在两极间产生电动势，图 6-16 是电动势与空气、燃料之比的关系。

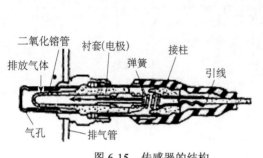

图 6-15　传感器的结构

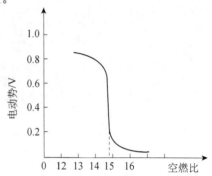

图 6-16　空燃比与电动势的关系

即使是过浓混合气燃烧，在排放气体中，还是存在少量氧，这时，周围空气与排放气体的含氧浓度之差还不能使未经处理的二氧化锆管上产生电动势；但是，当把铂涂覆在二氧化锆管上时，除起电极作用外，还有下述的催化作用，即

$$CO + \frac{1}{2}O_2 \longrightarrow CO_2$$

依靠这种作用，浓混合气燃烧所排放的废气与催化剂铂接触时，因为废气中残存的低浓度 O_2 与 CO 大致全部参与化学反应，铂表面的 O_2 浓度为零，CO 浓度也减少，所以氧浓度之差变得非常大，由此而产生了 1V 左右的电动势。

当稀薄混合气燃烧时，因为排放气体中存在高浓度的 O_2 和低浓度的 CO，即使 CO 与 O_2 进行化学反应，还是有多余的氧存在，氧浓度差很小，所以几乎不会产生电压。

当空燃比接近于理论值时，因为排放气体中，含有低浓度的 CO 和 O_2，所以铂的表面从 O_2 与 CO 完全进行反应（CO 过剩，O_2 为零）的状态急剧变化为氧含量过剩（CO 为零）的状态，氧浓度之比急剧变化，电动势也急剧变化。图 6-17 示出了反馈控制的原理与空燃比 O_2 传感器的输出信号。

为了净化排气，在反馈系统中采用三元催化剂。要使催化剂最有效地发挥作用，就必须在各种条件下一直把空燃比控制在理论值附近。为此，O_2 采用传感器检测排放气体中的氧浓度，利用计算机反馈控制，调整空燃比。

图 6-18 表明了反馈系统的工作情况。当空燃比稀薄时，排放气体中的氧浓度增加，O_2 传感器把"稀薄状况"通知计算机，然后，计算机发出信号增加喷油量。当空燃比比理论值浓时，排放气体中的氧浓度降低，O_2 传感器把较浓状况通知计算机，然后，计算机减少喷油量，又恢复到原来状态。这样往复动作，从而把空燃比控制在理论值。

图 6-19 示出了 O_2 传感器与 ECU 的连接图。传感器上电动势高、低取决于排放气体的氧浓度，变换器把此电动势与基准电压相比较，当电动势高于 0.45V 时，变换器把 1 信号（浓信号）输入微机中；当电动势低于 0.45V 时，变换器把 0 信号（稀薄信号）输入微机中。

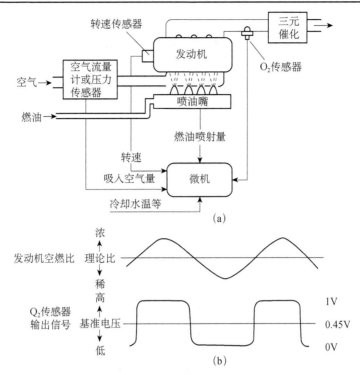

(a)

(b)

图 6-17　空燃比反馈控制的原理与 O_2 传感器的输出信号

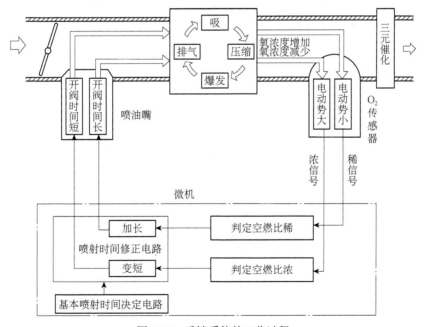

图 6-18　反馈系统的工作过程

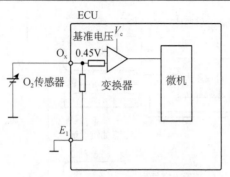

图 6-19 O₂ 传感器与 ECU 的连接图

6.4 一种简单的湿度控制器的设计

6.4.1 室内湿度控制器

该控制器能进行湿度报警和显示相对湿度的数值。湿度控制器的电路如图 6-20 所示。该湿度控制器中采用了一只高分子湿度传感器作湿敏元件。IC_1（555 电路）组成一只 300Hz 的方波发生器，信号通过耦合电容 C_z 施加于湿敏元件 HPR。IC_2、二极管 $D_2 \sim D_4$ 构成对数变换电路，其输出的电压将随相对湿度的增加而增大。该输出电压经 R_3 和 C_4 滤去干扰信号，然后分三路输出，分别连接到 IC_3、IC_5 的同相端（"＋"端）和 IC_4 的反相端（"－"）。IC_3 是同相放大器，其增益由电阻 $\dfrac{R_6}{R_5}$ 决定，其增益可极据测量电表 V 的量程加以选择，电压表 V 的量程可在 2.5~5V 选用。

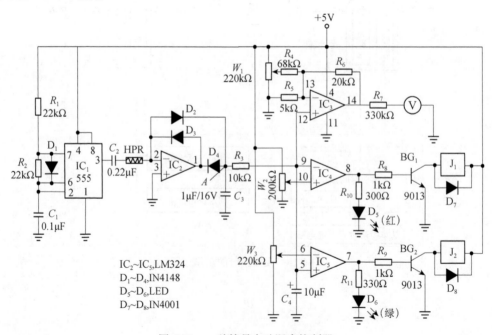

图 6-20 一种简易自动湿度控制器

IC₄ 和 IC₅ 是电压比较器，用于判断室内湿度所允许的变化范围，即上、下限湿度。其原理如下。

根据室内所需湿度的控制范围，通过电位器 W_2 和 W_3 的调节，设置湿度的上、下限所对应的电压值。当室内相对湿度降低时，IC₂ 输出电压随之下降（湿度传感器为正温度系数，IC₁ 为反相放大），当降到某一数值，即 IC₄ 的"9"脚电位低于"10"脚电位时，IC₄ 输出高电位，驱动三极管 BG₁ 导通，则继电器 J₁ 吸合，接通电动喷雾器，使室内湿度升高；同时，IC₄ 的输出点亮发光二极管（红色）表示室内湿度太低。随着雾滴水分的蒸发，湿度不断升高，HPR 湿度元件电阻降低，IC₂ 输出电位升高，当升高到某一数值时，继电器 J₁ 释放，停止喷雾。在室内湿度太大，IC₅ 的"5"脚电位高于"6"脚电位时，IC₅ 输出高电位，使 BG₂ 导通，J₂ 吸合，通风机工作，排除过湿空气。湿度降低到某值后，J₂ 释放，通风机停止工作，使室内湿度保持在所需范围内。

电路调整过程如下。

1. 电表 V 的相对湿度刻度标定

虽然 IV₂ 已将湿度－电压信号进行了对数变换，但仍是非线性的，所以电压表刻度要进行线性校正。由于精度要求不高，可用干湿泡湿度计作标准，对电压表进行线性标定。

2. 高湿度报警与通风控制电路的调节

将湿度传感器置于最高允许湿度环境中，当电压表显示出最高湿度对应的电压时，调节电位器 W_3 使发光二极管（绿色）刚好发光报警，J₂ 吸合，通风机开始工作为止。

3. 低湿度报警与喷雾控制电路的调整

将湿敏传感器置于最低允许的湿度环境中，当电压表显示出最低湿度对应的电压时，调节电位器 W_2 使发光二极管 D₅ 正好发光，J₁ 吸合，喷雾机开始工作即可。

6.4.2 汽车玻璃挡板结露控制电路

图 6-21 是一种用于汽车驾驶室挡风玻璃的自动去霜电路。其目的是防止驾驶室的挡风玻璃结露或结霜，保证驾驶员视线清楚，避免事故发生。该电路同样可以用于其他需要去湿的场所。

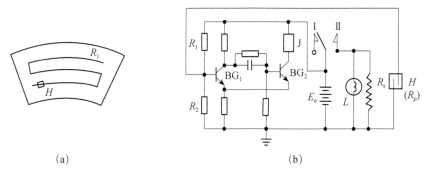

(a)　　　　　　　　　　　　　　　(b)

图 6-21　汽车挡风玻璃自动去霜电路

图 6-21 中 R_s 为加热丝，将其埋入挡风玻璃内，如图 6-21（a）所示。H 为结露传感器。

图 6-21（b）为其控制电路。晶体管 BG_1、BG_2 为施密特触发电路，BG_2 的集电极负载为继电器 J 的线圈绕组。R_1，R_2 为 BG_1 的基极电阻，R_p 为结露传感器的等效电阻。在低湿度时，调整 R_1 和 R_2 使 BG_1 导通，BG_2 截止，J 触点释放。当湿度增大到 80%RH 以上时，R_p 值下降，由于 $R_p /\!/ R_2$ 减小，BG_1 截止、BG_2 导通，则 J 的线圈通电，常开点接通 E_c，加热挡风玻璃中的加热丝，驱散湿气，避免挡风玻璃结露。当湿度减少到一定程度时，$R_p /\!/ R_2$ 又回到不结露时的阻值，BG_1、BG_2 恢复到初始状态，加热停止，从而实现了自动去湿，防止结露或结霜。

6.4.3 录像机结露报警控制电路

为了保护录像机中的磁头和磁带，在录像机中安装结露传感器。用于在环境湿度过大时提供结露报警控制。当录像机所置环境湿度导致结露时，则立即进入自动保护停机状态。其结露报警控制电路如图 6-22 所示。结露传感器为正特性传感器。

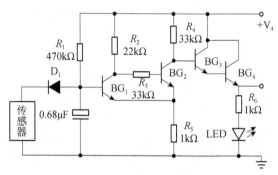

图 6-22　录像机结露报警电路

该电路在低湿度情况下，结露传感器的阻值约为 2kΩ，BG_1 基极电位 <0.5V，BG_1 截止，而 BG_2 导通。导致达林顿电路 BG_3 和 BG_4 截止，结露指示灯不亮，控制输出信号为低电平。

当湿度升高到结露点时，结露传感器的电阻值大于 50 kΩ，BG_1 基极电压 >1V，足以使 BG_1 导通，BG_2 截止；从而使达林顿电路 BG_3、BG_4 导通，结露灯亮，输出的控制信号为高电平。

电路中的二极管用于温度补偿，BG_1 的基极电容是为了在消露时稍有延时。

习　题

简要说明气敏、湿敏电阻传感器的工作原理，并举例说明它们的用途。

第7章　辐射式传感器

超声波是机械波的一种，它的特征是频率高（现代可以产生频率高达 10^9Hz 超声波），因而波长短，绕射现象小。最明显的一个特征是方向性好，能够成为射线而定向传播。超声波在液体、固体中衰减很小，所以它的穿透本领很大，尤其是在对光不透明的固体中，超声波却能穿透几十米的长度，碰到杂质或分界面就会有显著的反射。这些特性使得超声波检测广泛地用于工业中。

三种辐射式传感器：红外辐射传感器、超声波传感器、核辐射传感器。

7.1　红外辐射传感器

应用：红外制导火箭、红外成像、红外遥感。

7.1.1　红外辐射的基本特点

光波长分段如图 7-1 所示，从图中可看出红外线的波长。

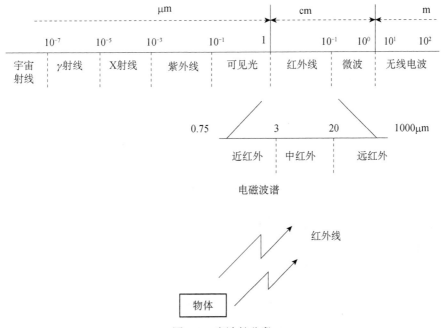

图 7-1　光波长分段

红外辐射：就是红外光（不可见光），其波长为 1.0~1000μm。

红外辐射（红外光）的最大特点：具有光热效应，能辐射热量。

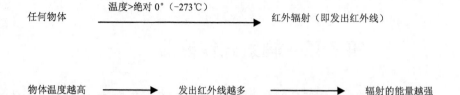

7.1.2 红外辐射的基本定律

1. 基尔霍夫定律

基尔霍夫定律：一个物体向周围辐射热能的同时也吸收周围物体的辐射能。

在同一个温度场中，各物体的热发射本领正比于它的吸收本领。

$$E_r = \alpha E_0$$

式中，E_r 为物体在单位面积和单位时间内发射出来的辐射能；α 为该物体对辐射能的吸收系数；E_0 为等价于黑体在相同温度下发射的能量，是常数。

黑体：在任何温度下全部吸收任何波长辐射的物体，黑体的吸收本领最大，但加热后，它发射的热辐射比任何物体的都要大。

2. 斯特藩-玻尔兹曼定律

物体温度越高，它辐射出来的能量越大。

$$E = \sigma \varepsilon T^4$$

式中，T 为物体的热力学温度；σ 为斯特藩-玻尔兹曼常数，$\sigma = 5.6697 \times 10^{-12} \, \text{W}/\text{cm}^2 \cdot \text{K}^4$；$\varepsilon$ 为比辐射率；E 为物体在温度 T 时单位面积和单位时间的红外辐射的总能量。

3. 维恩位移定律

热辐射发射的电磁波中包含着各种波长。

$$\lambda_m = \frac{2897}{T} \qquad (\mu\text{m})$$

式中，λ_m 为物体峰值辐射波长；T 为物体自身的热力学温度。

7.1.3 红外探测器（传感器）

红外探测基本原理与转换过程如图 7-2 所示。

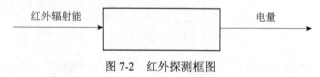

图 7-2　红外探测框图

红外探测器分为以下两种。

热敏探测器——基于热电效应。

光子探测器——基于光子效应。

1. 红外探测器的基本参数

（1）响应率。
（2）响应波长范围。
（3）噪声等效功率。
（4）探测率。
（5）响应时间。

2. 红外探测器的一般组成

红外探测器由光学系统、敏感元件、前置放大器、信号调制器组成。
红外探测器分为反射式光学系统的红外探测器、透射式光学系统的红外探测器。

3. 红外温度检测

特点：非接触检测、响应速度快、灵敏度高、测温范围为 $-10 \sim 1300℃$，如图 7-3 所示。
测温原理：测量出物体所发出的辐射功率，根据 $E = \sigma \varepsilon T^4$，即可确定它的温度。

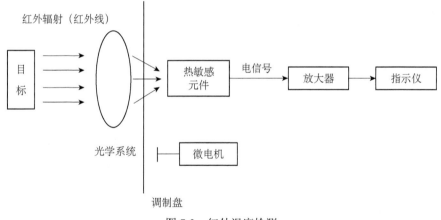

图 7-3   红外温度检测

4. 红外检测在其他方面的应用

无损探伤、气体分析、热象检测、红外遥感以及军事目标的侦察、搜索、跟踪和通信。

7.2   超声波传感器

超声波技术：通过超声波产生、传播、接收的物理过程完成。
超声波的特点：是机械波的一种，频率 f>20kHz，波长短，方向性好，能定向传播，在传播过程中衰减很小，穿透本领大。

7.2.1　超声波及其波形

按频率对声波进行分段如图 7-4 所示。

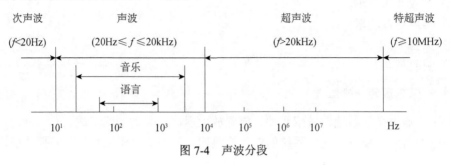

图 7-4　声波分段

1. 超声波

机械波：振动在弹性介质内的传播过程。

声波：是一种能在气体、液体、固体中传播的机械波。

人耳所能听闻的声波：$f = 20\sim20\text{kHz}$。

超声波（人耳听不见）：$f > 20\text{kHz}$。

声波波长：$\lambda = \dfrac{C}{f}$。

2. 超声波的类型

三种形式的振荡波如下。

（1）**纵波**：质点振动方向和传播方向一致的波。它能在**固体、液体和气体**中传播。

（2）**横波**：质点振动方向和传播方向垂直的波。它只能在**固体**中传播。

（3）**表面波**：质点振动介于纵波与横波之间，沿**表面**传播的波。

7.2.2　超声波的传播速度

1. 超声波在气体和液体中传播的声速

没有横波，只能传播纵波。

传播速度（纵波）为

$$C_{gl} = \sqrt{\dfrac{1}{\rho B_a}}$$

式中，ρ 为介质的密度；B_a 为绝对压缩系数。

2. 超声波在固体中传播的声速

纵波、横波均能在固体中传播。

1）纵波的声速

传播速度与介质形状有关，有

$$C_q = \sqrt{\frac{E}{\rho}} \qquad （细棒）$$

$$C_q = \sqrt{\frac{E(1-\mu)}{\rho(1+\mu)(1-2\mu)}} = \sqrt{\frac{K + \dfrac{4}{3}G}{\rho}} \qquad （无限介质）$$

$$C_q = \sqrt{\frac{E}{\rho(1-\mu^2)}} \qquad （薄板）$$

式中，E 为杨氏模量；μ 为泊松系数；K 为体积弹性模量；G 为剪切弹性模量；ρ 为介质的密度。

2）横波的声速

$$C_q = \sqrt{\frac{E}{2\rho(1+\mu)}} = \sqrt{\frac{G}{\rho}} \qquad （无限介质）$$

μ 介于 0~0.5，一般视其声速为纵波声速的一半。

7.2.3　超声波的物理性质

1. 超声波的反射和折射

反射定律为

$$\alpha = \gamma$$

折射定律为

$$\frac{\sin\alpha}{\sin\beta} = \frac{C_1}{C_2}$$

当 $\sin\alpha = \dfrac{C_1}{C_2}$，即 $\alpha = \arcsin\dfrac{C_1}{C_2}$ 时，$\beta = 90°$。

当 $\sin\alpha > \dfrac{C_1}{C_2}$ 时，发生全反射，如图 7-5 所示。

2. 超声波的衰减

在平面波的情况下，距离声源 X 处的声压 P 和声强 I 的衰减规律为 $P_x = p_0 \mathrm{e}^{-Ax}$。

$$I_x = I_0 \mathrm{e}^{-2Ax}$$

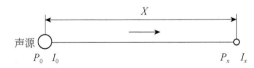

图 7-6　超声波的衰减

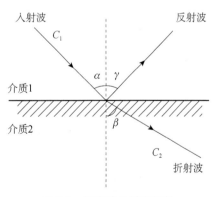

图 7-5　超声波反射和折射

式中，A 为衰减系数，Np/cm（奈培/厘米）；P_0，I_0 为距离声源 $X=0$ 处的声压和声强，如图 7-6 所示。

7.2.4 超声波传感器

超声波传感器是实现声电转换的装置，又称为超声波换能器或超声波探头，如图 7-7 所示。

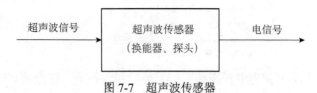

超声波信号 → 超声波传感器（换能器、探头）→ 电信号

图 7-7　超声波传感器

超声波探头：既能发射超声波信号，又能接收发射出去的超声波的回波信号，并将其转换成电信号的装置。

超声波探头按其工作原理可分为压电式、磁致伸缩式、电磁式等。其中压电式探头最常用。

压电式探头主要由压电晶片、吸收块（阻尼块）、保护膜组成。

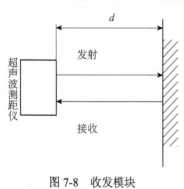

图 7-8　收发模块

7.2.5 超声波传感器的应用

工业上：超声波清洗、超声波焊接、超声波加工、超声波处理、无损探伤仪。

医学上：心电图检测、B 超成像仪、CT 分析成像仪。

超声波检测（测距、测厚、检漏），如图 7-8 所示。

例：测出从超声波发射到接收的时间 T。

由 $T = \dfrac{2d}{v} \Rightarrow d = \dfrac{vT}{2}$。

7.3　辐射式传感器应用举例

红外成像系统几乎从一诞生就以其强大的技术优势逐步占领了世界军用和商用市场，其在生产加工、天文、医学、法律及消防等方面都得到了广泛应用。

红外成像技术主要应用在军事、科学和商业领域。

在军事应用上，红外技术主要应用在导航系统、探测与搜索、光学成像和目标评估系统中。利用红外探测器能够及时发现危险情况、判别微小目标、探察制导武器系统，还能及时提供有关受损的反馈信息。此外，军事上还利用红外技术识别敌人的某些伪装，或者是关闭敌人的红外传感器。随着无人驾驶飞机、超高速导弹系统和伪装防御成像等方面的研究进展，红外技术军用市场得到了更大的发展。

在商业领域，红外成像技术可应用于建筑物热损失检测、电气元件故障预测、电子系统测试、生产过程监控及生产中的临界温度控制等。目前研究人员正在探索利用红外技术在积雪中寻找被埋物体（如汽车）、检测激光焊接过程中的热量情况、在边境检查站用红外发送机自动评估边界控制系统，实现与移动交通工具之间的通信等。

在科学研究方面，红外成像技术主要用于航空领域，人造卫星和太空飞船上的机载红外传感器监视天气变化、研究植被类型、协助农业规划和地质探测，还可探查海洋中的温度变化。

7.4　超声波应用电路

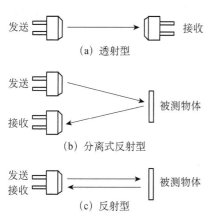

图 7-9　超声波应用的三种基本类型

透射型用于遥控器、防盗报警器、自动门、接近开关等；分离式反射型用于测距、液位或料位等；反射型用于材料探伤、测厚等。

超声波应用有三种基本类型，如图 7-9 所示。

1. 遥控开关

超声波遥控开关可以控制电灯或家用电器的开、关。采用小型超声波传感器（$\phi12\sim\phi16$），工作频率在 40kHz，遥控距离约 10m。

遥控器的发射电路如图 7-10 所示。由于采用了 NYKD-40R 型超声波专用发射电路，使电路十分简单。为了减小尺寸，可采用 8 号电池（12V）。若没有专用集成电路，也可用 555 时基电路组成的振荡器代替，如图 7-11 所示。调整 10k 电位器，使频率为 40kHz。

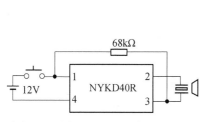

图 7-10　用 NYKD-40R 的发送电路

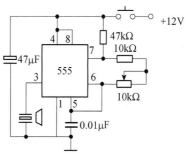

图 7-11　用 555 的发送电路

遥控器的接收电路如图 7-12 所示。工作电源电压由电容压降整流，并经 12V 齐纳二极管稳压后获得。由于没有变压器隔离，所以接收器应由塑料外壳封装，在调试时也应注意。接收传感器将超声波振动变成微弱的电振荡，经 Q1、Q2 放大，由 L、C 谐振回路调谐在 40kHz。放大的信号去触发由 Q3、Q4 组成的双稳态电路，Q5 及 LED 作为触发隔离，并可发光显示。由于双稳态开机时有随机性，所以加装一清零按钮。

Q5 输出的触发信号使双向可控硅导通，负载接通。若要负载断路，则由发送器发送一次，接收器接收到信号后使双稳态电路翻转，Q5 基极为低电平，双向可控硅截止，负载断路。

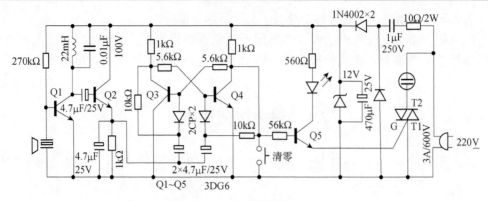

图 7-12　遥控器接收电路

2. 防盗报警器

图 7-13 为超声波防盗报警电路。图 7-13（a）为发送部分，图 7-13（b）为接收部分，两部分装在同一块板上。发送部分由 NE555 时基电路组成方波发生器（40kHz）驱动超声波发送器，发射出 40kHz 的超声波信号。如有人进入信号区域，移动的人体产生多普勒效应，使反射回来的超声波发生频率偏移。因此超声波接收器将收到由两个不同频率所组成的拍频（40kHz 及偏移的频率）。

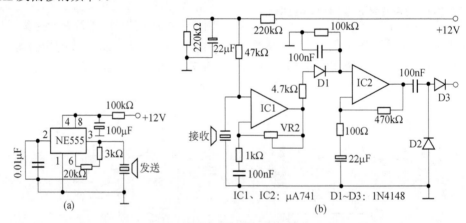

图 7-13　超声波防盗报警电路

拍频信号由 IC1 放大，调整 VR2 可调整探测的灵敏度，但灵敏度大时易误报。放大的信号经 D1 检波后滤掉 40kHz 信号而检测到多普勒信号，此信号再由 IC2 放大；并由 D2、D3 整流转换成直流信号输出。此信号可以控制报警电路。

超声波报警器易受振动和气流的影响，故仅能用于室内。

3. 液位指示及液位控制器

由于超声波在空气中有一定的衰减，由液面反射回来的信号与液位位置有关，如图 7-14（a）所示。液面位置越高，信号越大，液面越低，则信号越小。液位指示电路分发送部分与接收部分。发送部分与图 7-13 相同，接收部分如图 7-13（b）所示。

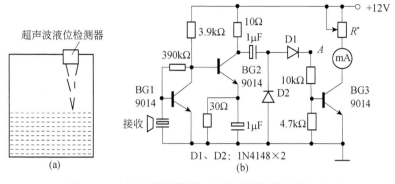

图 7-14　超声波液位检测工作原理及接收部分电路

超声波发送的 40kHz 的超声波向液面发射，液面反射回来的信号由接收器接收，再由晶体管 BG1、BG2 组成的放大电路将信号放大，经 D1、D2 整流成直流电压，当 4.7kΩ 电阻上的分压超过 BG3 导通电压时，有电流流过 BG3，并由电流表指出。电流的大小与液面位置有关，液位位置越高，电流越大，指针转角也越大。适当调整电阻 R^*，可满足液位测量的要求。

图 7-15 为液位控制电路。A 点与图 12-21b 的 A 点相连接，将检测液位信号输入比较器同相端。当液位低于设置时（可调 W_1），比较器输出为低电平，BG 不导通；若液位升到规定位置，其信号电压大于设定电压，则比较器翻转，输出为高电平，BG 导通，J 吸合，实现液位控制。

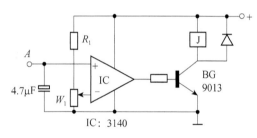

图 7-15　液位控制电路

4. 超声波传播速度变化法

利用超声波传播速度随流体流速变化而变化的原理是最常用的一种方法。下面介绍脉冲传播时间差法和声循环法的工作原理。

1）脉冲传播时间差法

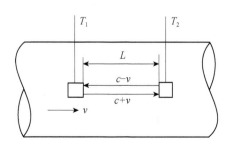

图 7-16　脉冲传播速度变化法原理

设静止流体中的音速为 c，流体流动速度为 v，若超声波的传播方向与流体的流向一致，则超声波的传播速度为 $c+v$；反之，为 $c-v$。

现将两个超声波转换器（发／收器）按图 7-16 所示方法置于流体管道中。

首先从转换器 T_1 发射与流体流向一致的超声波，该超声波从 T_1 发送到转换器 T_2（接收）的时间间隔为 t_1；再从转换器 T_2 发送超声波脉冲到 T_1（接收，逆向传输），其传播时间间隔为 t_2，则传播时间间隔 t_1 和 t_2 可分别表示为

$$t_1 = \frac{L}{c+v} \qquad (7\text{-}1)$$

$$t_2 = \frac{L}{c-v} \qquad (7\text{-}2)$$

则顺向和逆向传播的时间差Δt可表示为

$$\Delta t = t_2 - t_1 = \frac{2Lv}{c^2-v^2} \qquad (7\text{-}3)$$

由于$c \gg v$（一般情况下，v为每秒几米，而音速（水中）为1500m／s），则式（7-3）中v^2可省略，那么式（7-1）可写为

$$v = \frac{c_2}{2L_{\Delta t}}$$

由于L和c已知，如果测量出传播时间差Δt，则可计算出流体流速v。由于测量时间间隔的精度很高（高达0.1ns），所以超声波测流速非常准确。

利用这种方法也可以准确地测量出血液流速，血液流速测定器的逻辑方框图如图7-17所示。

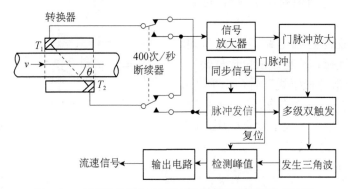

图7-17　超声波传播时间差法的血液流速测定器方框图

将两个超声波转换器T_1和T_2置于血管的上下方，并与血管径向成θ的夹角，两个转换器轮流发、收一次，测出顺血流方向和逆血流方向的超声波时间 t_1和 t_2，则它们的时间差Δt为

$$\Delta t = t_2 - t_1 \approx \frac{2Lv\cos\theta}{c^2}$$

从而可测出血流流速v。

T_1和T_2的超声波频率一般为3MHz，可测量的流速范围为1cm／s~1m／s。

2）声循环法

所谓声循环法就是从某一转换器（如T_1）发射超声波脉冲，超声波脉冲沿流体传播，经t_1时间后由另一转换器（如T_2）接收，再经电路放大处理后，作为控制命令，控制转换器T_1再次发射超声波。因此，超声波脉冲的传播路线为 $T_1 \rightarrow$流体$\rightarrow T_2 \rightarrow$放大电路$\rightarrow T_1$反复循环，所以称这种方式为声循环法。

声循环法中传播的频率为式（7-1）和式（7-2）的倒数，即顺流和逆流方向发射的超声波在传播时的频率分别为

$$f_1 = \frac{1}{c_1} = \frac{c+v}{L}$$

$$f_2 = \frac{1}{c_1} = \frac{c-v}{L}$$

两者的频率差为

$$\Delta f = f_1 - f_2 = \frac{2v}{L}$$

流体流速 v 为

$$v = \frac{L}{2}\Delta f \qquad\qquad (7\text{-}4)$$

从式（7-4）可知，流速中不含有音速，只与超声波频率差 Δf 有关，测出两路差频就求出了流体流速。

声循环法测量流速的系统结构有两组型和一组型两种循环法，其系统结构如图 7-18 和图 7-19 所示，两种系统结构的差别就是超声波的处理电路是两套还是一套之分。

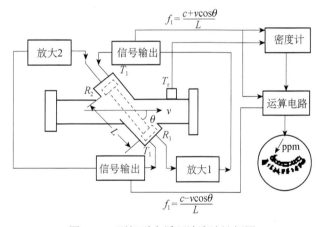

图 7-18　两组型声循环法流速计框图

图 7-18 是采用的顺向和逆向的两组型声循环法的流速计方框图。转换器 T_1 和 T_2 与流体

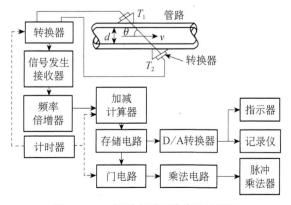

图 7-19　一组型声循环法流速计框图

成θ角装置在测量管上。顺、逆向发射和处理接收超声波的设备共两套，T_1 和 T_2 发射的信号频率为 10MHz。然后用上述的频差法测量流体流速。

图 7-19 采用了一套设备发射、接收、处理超声波信号，避免了两组型因系统特性差异而产生的测量误差，提高了测量精度，降低了设备成本。这种流速计的基本工作原理是：由计数器产生同步信号，每隔一定时间转换一次信号发生器和接收器，计数发射方向的超声波脉冲，求出顺、逆流时产生的频差，转换频差为对应的流速。由此可见，一组型声循环法流速计检测速度比两组型低，不能用于检测流速极快的情况。

5. 超声波多普勒式流速测量法

超声波多普勒式流速计的方框图如图 7-20 所示。它是利用多普勒效应来测量流速的方法。将超声波的发射器和接收器垂直于流体流向对称地置于测量管上，它们与流体流向成θ度的夹角。

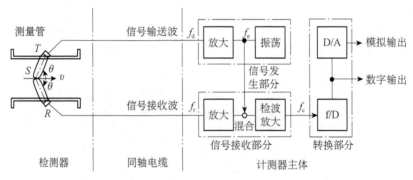

图 7-20　超声波多普勒式流速计

如果流体的流速为 v，流体的音速为 c，发射的超声波频率为 f_t，则接收器 R 接收到的频率为 f_r 为

$$f_r = \frac{c + v\cos\theta}{c - v\cos\theta} f_t \qquad (7\text{-}5)$$

若流体为水，则水中音速为 1500m／s，流体流速只有每秒数米，因此，$c \gg v$，故式（7-5）可改写为

$$f_r \approx \left(1 + \frac{2v\cos\theta}{c}\right) f_t$$

根据多普勒效应，则多普勒频率 $f_d = \left| f_r - f_t \right| = \dfrac{2v\cos\theta}{c} f_t$。

从而，求得流速 v 为

$$v = \frac{c}{2\cos\theta f} \colon f_d \qquad (7\text{-}6)$$

由于这种方法受流体音速的影响，经研究发现，使用塑料管能避免流体音速的影响。利用图 7-21 所示原理可以修正流体音速的影响。

图 7-21　流体音速补偿原理

根据折射法则，有如下关系：

$$\frac{\sin\phi}{c} = \frac{\sin\phi_1}{c_1} = \frac{\cos\theta}{c} \tag{7-7}$$

式中，c_1 为塑料管材的音速；ϕ_1 为超声波的入射角；ϕ 为超声波进入流体中的折射角。

然后，将式（7-7）代入式（7-6）中，得

$$v = \frac{c_1}{2\sin_2\phi_i f}: f_d$$

由此可见，流速与流体音速无关。

多普勒式流速检测法能适应各种流体的流速检测，其灵敏度高，不产生零点漂移。因此，超声波多普勒法能测量脏水、废水、泥水流和船舶靠岸时速等。

6. 超声波诊断仪的工作原理

超声波诊断仪是通过向体内发射超声波（主要采用纵波），然后接收经人体各组织反射回来的超声波并加以处理和显示，根据超声波在人体不同组织中传播特性的差异进行诊断的。由于超声波对人体无损害、操作简便、结果迅速、受检查者无不适感、对软组织成像清晰，所以超声波诊断仪已成为临床上重要的现代诊断工具。超声波诊断仪类型较多，最常用的有 A 型超声波诊断仪、M 型超声波心动图仪和 B 型超声波断层显像仪等。

1）A 型超声波诊断仪

A 型超声波诊断仪又称为振幅型诊断仪，它是超声波最早应用于医学诊断的一门技术。A 型超声波诊断仪原理框图如图 7-22 所示。其原理类似示波器，所不同的是在垂直通道中增加了检波器以便把正负交变的脉冲调制信号变成单向的视频脉冲信号。

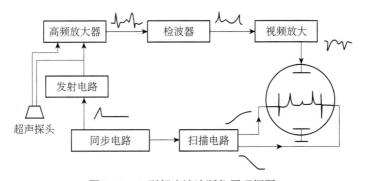

图 7-22　A 型超声波诊断仪原理框图

同步电路产生 50Hz~2kHz 的同步脉冲，该脉冲触发扫描电路产生锯齿波电压信号，锯齿波电压信号的频率与超声波的频率相同，而且与视频信号同步。

发射电路在同步脉冲作用下，产生一高频衰减振荡，即产生幅度调制波。发射电路一方面将调幅波送入高频放大器放大，使荧光屏上显示发射脉冲（如荧光屏上的第一个脉冲）；另一方面将送到超声波探头，激励探头产生一次超声波振荡，超声波进入人体后的反射波由探头接收并转换成电压信号，该电压信号经高频放大器放大、检波、功率放大，于是，荧光屏上将显示出一系列的回波（如荧光屏上的第二、第三……脉冲），它们代表着各组织的特性和状况。

2）M 型超声波诊断仪

M 型超声波诊断仪主要用于运动器官的诊断，常用于心脏疾病的诊断，故又称超声波心动图仪。它是在 A 型超声波诊断仪的基础上发展起来的一种辉度调制式仪器，它与 A 型超声波诊断仪的不同点是 M 型的发射波和回波信号不是加到示波管的垂直偏转板上，而是加到示波管的栅极或阴极上，这样控制了到达示波管的电子束的强度。脉冲信号幅度高，荧光屏上的光点亮；反之，光点暗。

在实际操作时，将探头固定在某一部位，如心脏部位，由于心脏搏动，各层组织与探头的距离不同，在荧光屏上会呈现随心脏搏动而上下摆动的一系列光点，当代表时间的扫描线沿水平方向，从左至右等速移动时，上下摆动的光点便横向展开，得到心动周期、心脏各层组织结构随时间变化的活动曲线，这就是超声波心动图，如图 7-23 所示。

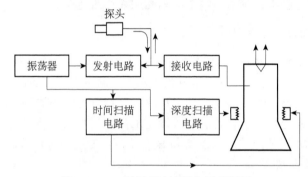

图 7-23　M 型超声波诊断仪原理框图

3）B 型超声波诊断仪

B 型超声波诊断仪是在 M 型诊断仪的基础上发展起来的辉度调制式诊断仪。其诊断功能比 A 型和 M 型强，是全世界范围内普遍使用的临床诊断仪。虽然 B 型和 M 型诊断仪均属辉度调制式仪器，但是有两个不同点。

当 M 型超声波诊断仪工作时，探头固定在某一点，超声波定向发射；而 B 型超声诊断仪工作时，探头是连续移动，或者探头不动而发射的超声波束不断的变动传播方向。探头由人手移动的称为手动扫描，用机械移动的称为机械扫描，用电子线路变动超声波束方向的称为电子扫描。

习　题

1. 什么是纵波、横波和表面波？它们各有什么不同？

2. 什么是反射定律和折射定律？举例说明如何用这两个定律进行测量？

3. 用超声波探头测工件时，往往要在工件与探头接触的表面上加一层耦合剂，这是为什么？

4. 请你依据已学过的知识设计一个超声波液位计（画出原理框图，并简要说明它的工作原理、优缺点）。

第 8 章　光电式与光纤传感器

光电传感器是将光信号转换为电信号的一种传感器。使用这种传感器测量其他非电量（如转速、浊度）时，只要将这些非电量转换为光信号的变化。此种测量方法具有结构简单、精度高、反应快、非接触等优点，故广泛应用于检测技术中。

8.1　光　电　效　应

爱因斯坦光子学说：光是由一连串具有一定能量的粒子组成的，其能量大小 $E = h \cdot \nu$。其中，$h = 6.626 \times 10^{-34} \mathrm{J \cdot s}$ 为普朗克常数；ν 为光的频率（s^{-1}）。

不同频率的光具有不同的能量，光的频率越高，其光子能量越大。光照射到物体表面后产生光电效应，分为两类。

1. 外光电效应（光电发射）

在光线作用下，能使物体内的电子逸出物体表面的现象。

基于外光电效应的光电器件（光敏元件）：光电管、光电倍增管。

根据爱因斯坦光电效应方程：

$$h \cdot \nu = \frac{1}{2} m v^2 + A_0 \qquad \text{（能量守恒定律）}$$

式中，A_0 为某物体的电子的逸出功；v 为电子的逸出速度。

结论：

（1）当光子能量 $h \cdot \nu > A_0$，即 $\nu > \dfrac{A_0}{h}$ 时，才有光电子逸出物体表面，产生外光电效应。

当 $h \cdot \nu = A_0$，即 $\nu_0 = \dfrac{A_0}{h}$（红限频率）时，光电子的 $V = 0$。

当 $\nu < \nu_0$ 时，不论光强度有多大，都不会使物体发射出光电子，不会产生外光电效应。

（2）光电子的初动能取决于光的频率，$\nu \uparrow \to \dfrac{1}{2} m V^2 \uparrow$。

2. 内光电效应

1）光电导效应

在光线作用下，某些物体（本征半导体）内部的原子释放电子，这些电子并不逸出物体表面，但使物体的电导率发生变化的效应被称为**光电导效应**。

基于光电导效应的光电器件：光敏电阻。

为实现能级的跃迁，入射光的能量必须满足

$$h\nu = \frac{hc}{\lambda} = \frac{1.24}{\lambda} \geqslant E_{\mathrm{g}}$$

即入射光的波长必须满足

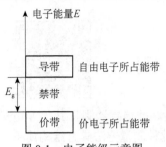

图 8-1　电子能级示意图

$$\lambda \leqslant \lambda_C = \frac{1.24}{E_g} \quad （波长限）$$

2）光生伏特效应

在光线作用下，物体（半导体）内部的原子释放电子，这些电子并不逸出物体表面，但使物体产生光生电动势的效应被称为**光生伏特效应**。

基于光生伏特效应的光电器件：光电池、光敏二极管、光敏三极管。

8.2　外光电效应的光电器件

1. 光电管（真空）

真空光电管（又称电子光电管）由封装于真空管内的光电阴极和阳极构成，如图 8-2 所示。当入射光线穿过光窗照到光阴极上时，由于外光电效应（见光电式传感器），光电子就从极层内发射至真空。在电场的作用下，光电子在极间作加速运动，最后被高电位的阳极接收，在阳极电路内就可测出光电流，其大小取决于光照强度和光阴极的灵敏度等因素，如图 8-3 所示。

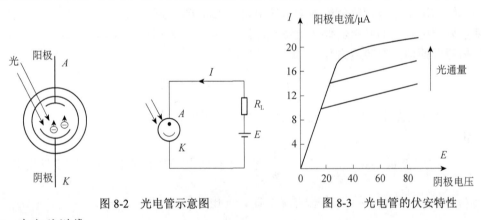

图 8-2　光电管示意图　　　　　　图 8-3　光电管的伏安特性

2. 光电倍增管

光电倍增管是将微弱光信号转换成电信号的真空电子器件。光电倍增管用在光学测量仪器和光谱分析仪器中。它能在低能级光度学和光谱学方面测量波长 200~1200 纳米的极微弱辐射功率，如图 8-4 所示。

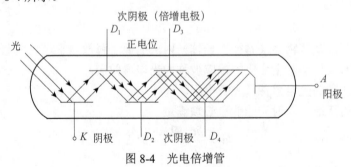

图 8-4　光电倍增管

阳极电流 I 为

$$I = i\delta_i^n$$

式中，i 为光电阴极的光电流；δ_i 为各倍增电极的二次电子发射系数；n 为光电倍增管极数。

光电倍增管的电流放大倍数为

$$\beta = \frac{I}{i} = \delta_i^n$$

8.3　内光电效应的光电器件

1. 光敏电阻（光电导管）

1）工作原理

基于光电导效应。

无光照时，R_G 很大，I 很小。

有光照时，R_G 急剧减小，I 迅速增大，如图 8-5 所示。

2）光敏电阻的主要参数和基本特性

（1）暗电阻、亮电阻、光电流。

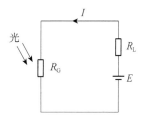

图 8-5　光敏电阻工作原理

暗电阻——在未受到光（某种波长）照射时的阻值称为暗电阻，流过的电流为暗电流。

亮电阻——在受到光（某种波长）照射时的阻值称为亮电阻，流过的电流为亮电流。

光电流=亮电流-暗电流。

暗电阻越大，亮电阻越小，则光敏电阻的性能越好。即暗电流要小，亮电流要大。一般来讲，暗电阻>1MΩ，亮电阻<（1~10）kΩ。

（2）光敏电阻的伏安特性，如图 8-6 所示。

（3）光敏电阻的光照特性，如图 8-7 所示。

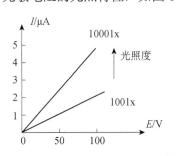

图 8-6　光敏电阻的伏安特性

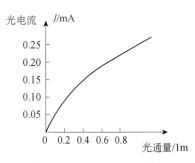

图 8-7　光敏电阻的光照特性

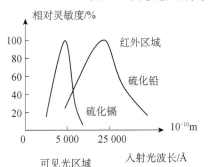

图 8-8　光谱特性

（4）光敏电阻的光谱特性，如图 8-8 所示。

（5）光敏电阻的响应时间和频率特性。

光电流的变化相对于光的变化，存在滞后，这是光电导的"弛豫现象"。

（6）光敏电阻的温度特性。

随着温度的升高，它的暗电阻和灵敏度都下降。

2. 光电池

在光线照射下，直接能将光能量转变为电动势的光电元件（电压源）。

应用最广、最有发展前途的是：硅光电池、硒光电池。

1）光电池的结构原理（基于光生伏特效应）

光电池的结构原理分析如图 8-9 所示，光照后产生伏特效应。

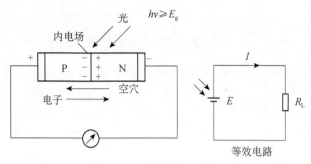

图 8-9　光生伏特效应图

2）光电池的主要特性

（1）光电池的光谱特性。

（2）光电池的光照特性。

（3）光电池的频率特性。

（4）光电池的温度特性。

3. 光敏二极管和光敏三极管

1）光敏二极管

光敏二极管，又叫光电二极管（photodiode）是一种能够将光根据使用方式，转换成电流或者电压信号的光探测器，如图 8-10 所示。

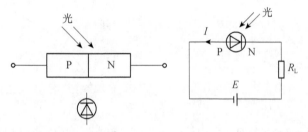

图 8-10　光敏二极管

无光照时，光敏二极管反向电阻很大，反向饱和漏电流（暗电流）很小，处于截止状态。受光照时，产生光电流，光的照度越大，光电流越大，光敏二极管处于导通状态。

2）光敏三极管

光敏三极管和普通三极管相似，也有电流放大作用，只是它的集电极电流不只是受基极电路和电流控制，同时也受光辐射的控制，如图 8-11 所示。

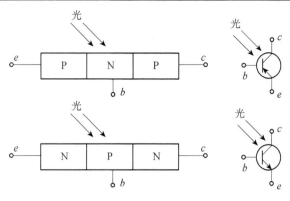

图 8-11　光敏三极管

（1）工作原理。

①无光照时，集电极反偏，反向饱和漏电流很小。

②有光照时，在 PN 结附近产生光生电子-空穴对，在 PN 结内电场作用下，作定向运动，形成光电流（相当于基极电流 I_b），输出电流 $I_c = (1 + \beta)I$(光电流)，如图 8-12 所示。

（2）基本特性。

①光敏三极管的光谱特性。

②光敏三极管的伏安特性。

③光敏三极管的光照特性。

④光敏三极管的温度特性。

⑤光敏三极管的频率特性。

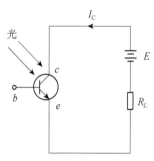

图 8-12　光敏三极管原理图

8.4　光电耦合器件

光电耦合器件=发光元件+光电接收元件

发光二极管　光敏电阻、光敏二（三）极管

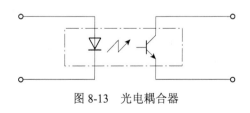

图 8-13　光电耦合器

1. 光电耦合器

光电耦合器实现电隔离，具有抗干扰性能和单向信号传输功能，如图 8-13 所示。

光电耦合器广泛应用于电路隔离、电平转换、噪声抑制、无触点开关及固态继电器等。

2. 光电开关

光电开关检测有无物体。广泛应用于工业控制、自动化包装线及安全装置中作光控制和光探测装置。

8.5 光电传感器的应用

光电传感器属于非接触式测量，目前越来越多地用于生产的各个领域。依被测物、光源、光电元件三者之间的关系，可以将光电传感器分成下述四种类型。

（1）光源本身是被测物，被测物发出的光投射到光电元件上，光电元件的输出反映了光源的某些物理参数，如图 8-14（a）所示。典型的例子如光电高温比色温度计、光照度计等。

（2）恒光源发射的光通量穿过被测物，一部分由被测物吸收，剩余部分投射到光电元件上，吸收量决定于被测物的参数，如图 8-14（b）所示，典型的例子如透明度计、浊度计等。

（3）恒光源发出的光通量投射到被测物上，然后从被测物表面反射到光电元件上，光电元件的输出反映了被测物的某些参数，如图 8-14（c）所示。典型的例子如用反射式光电法测转速，测量工作表面粗糙度、纸张的白度等。

（4）从恒光源发出的光通量在到达光电元件的途中遇到被测物，因此照射到光电元件上的光通量被遮蔽掉一部分，光电元件的输出反映了被测物的尺寸，如图 8-14（d）所示。典型的例子如振动测量、工件尺测量等。

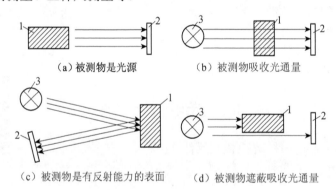

（a）被测物是光源　　　　　　　（b）被测物吸收光通量

（c）被测物是有反射能力的表面　　　（d）被测物遮蔽吸收光通量

图 8-14　光电传感器的几种形式

1-被测物；2-光电元件；3-恒光源

1. 高温比色温度计

它是根据热辐射定律，使用光电池进行非接触测温的一个典型例子。根据有关的辐射定律，物体在两个特定波长 λ_1、λ_2 上的辐射强度 $I_{\lambda1}$、$I_{\lambda2}$ 之比与该物体的温度呈指数关系，即

$$I_{\lambda1} / I_{\lambda2} = K_1 \mathrm{e}^{-k_2/T} \qquad (9-1)$$

式中，K_1、K_2 为与 λ_1、λ_2 及物体的黑度有关的常数。

因此，我们只要测出 $I_{\lambda1}$ 与 $I_{\lambda2}$ 之比，就可根据式（9-1）算得物体的温度 T。图 8-15 是光电比色高温温度计的原理图。

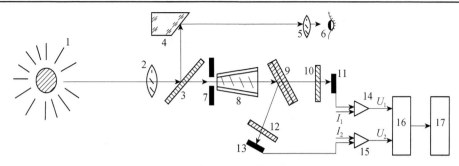

图 8-15　高温比色温度计原理图

1-测温对象；2-物镜；3-半反半透镜；4-反射镜；5-目镜；6-观察者的眼睛；7-光阑；8-光导棒；9-分光镜；10、12-滤光片；
11、13-硅光电池；14、15-电流／电压转换器；16-运算电路；17-显示器

测温对象发出的辐射线经物镜 2 投射到"半反半透镜" 3 上，它将光线分为两路，第一路光线经反射镜 4、目镜 5 到达使用者的眼睛，以便瞄准测温对象。第二路光线穿过半反半透镜成像于光阑 7，通过光导棒 8 混合均匀后投射到"分光镜" 9 上，分光镜的功能是使红外光通过，可见光反射。红外光透过分光镜到达滤光片 10，滤光片的功能是进一步起滤波作用，它只让红外光中的某一特定波长 λ_1 的光线通过，最后被硅光电池 11 所接收，转换为与 $I_{\lambda 1}$ 成正比的光电流 I_1。滤光片 12 的作用是只让可见光中的某一特定波长 λ_2 的光线通过，最后被硅光电池 13 所接收，转换为与 $I_{\lambda 2}$ 成正比的光电流 I_2。I_1、I_2 分别经电流／电压转换器 14、15 转换为电压 U_1、U_2，再经过运算电路算出 $U_1／U_2$ 值。由于 $U_1／U_2$ 值可以代表 $I_{\lambda 1}／I_{\lambda 2}$，所以采用一定的办法可以进一步根据式（9-1）计算出被测物的温度 T，由显示器 17 显示出来。

2. 光电式浊度计

水样本的浊度是水文资料的重要内容之一，图 8-16 是光电式浊度计的原理图。

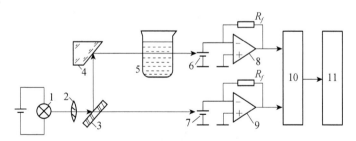

图 8-16　光电式浊度计的原理图

1-光源；2-聚光透镜；3-半反半透镜；4-反射镜；5-被测水样；6、7-光电池；8、9-电流/电压转换器；10-运算器；11-显示器

光源发出的光经半反半透镜分成两束强度相等的光线，一路光线直接到达光电池 7，产生作为被测水样浊度的参比信号。另一路光线穿过被测样品水到达光电池 6，其中一部分光线被样品介质吸收，样品水越混浊，光线的衰减量越大，到达光电池 6 的光通量就越小。两路光信号均转换成电压信号 U_1、U_2，由运算电路 10 计算出 U_1、U_2 的比值，并进一步算出被测水样的浊度。

采用分光镜 3 及光电池 7 作为参比通道的好处是：当光源的光通量由于种种原因有所变化或环境温度变化引起光电池灵敏度发生改变时，由于两个通道的结构完全一样，所以在最后运算 U_1 / U_2 值时，上述误差可自动抵消，减小了测量误差。

3. 光电式转速表

转速是指每分钟或每秒钟内旋转物体转动的圈数。机械式转速表和接触式电子转速表精度不高，且影响被测物的运转状态，已不能满足自动化的要求。光电式转速表属于反射式光电传感器，它可以在距被测物数十毫米处非接触地测量其转速。由于光电器件的动态特性较好，所以可以用于高转速的测量而又不干扰被测物的转动，图 8-17 是它的原理图。

光源 1 发出的光线经透镜 2 会聚成平行光束照射到旋转物上，光线经事先粘贴在旋转物体上的反光纸 4 反射回来，经透镜 5 聚焦后落在光敏二极管 6 上，它产生与转速对应的电脉冲信号，经放大整形电路 8 得到 TTL 电平的脉冲信号，经频率计电路 9 处理后由显示器 10 显示出每分钟或每秒钟的转数即转速。

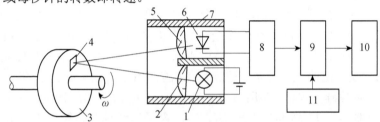

图 8-17　光电式转速表的原理图

1-光源；2-透镜；3-被测旋转物；4-反光纸；5-被测带材；6-光电池；

7-遮光罩；8-放大、整形电路；9-频率计电路；10-显示器；11-时基电路

4. 光电式带材跑偏检测器

带材跑偏检测器是用来检测带型材料在加工过程中偏离正确位置的大小及方向，从而为纠偏控制电路提供纠偏信号。例如，在冷轧带钢厂中，某些工艺采用连续生产方式，如连续酸洗、退火、镀锡等。带钢在上述运动过程中易产生走偏。在其他工业部门如印染、造纸、胶片、磁带生产过程中也会发生类似问题。带材走偏时，边缘经常与传送机械发生碰撞，出现卷边，造成废品。图 8-18（a）是光电式边缘位置检测传感器的原理图。

光源 1 发出的光线经透镜 2 会聚为平行光束投射向透镜 3，从而又被会聚落到光敏电阻 4（R_1）上。在平行光束到达透镜 3 的途中，有部分光线受到被测带材的遮挡，从而使到达光敏电阻的光通量减小。图 8-18（b）是测量电路简图。图中，R_1、R_2 是同型号的光敏电阻，R_1 作为测量元件装在带材下方。R_2 用遮光罩罩住，起温度补偿作用。当带材处于正确位置（中间位置）时，由 R_1、R_2、R_3、R_4 组成电桥平衡，放大器输出电压 U_o 为零。当带材左偏时，遮光面积减小，光敏电阻 R_1 的阻值减小，电桥失去平衡，差动放大器将这一平衡电压加以放大，输出电压 U_o 为负值，它反映了带材跑偏的方向及大小。反之，当带材右偏时，U_o 为正值。输出信号 U_o 一方面由显示器显示出来，另一方面被送到执行机构，为纠偏控制系统提供纠偏信号。

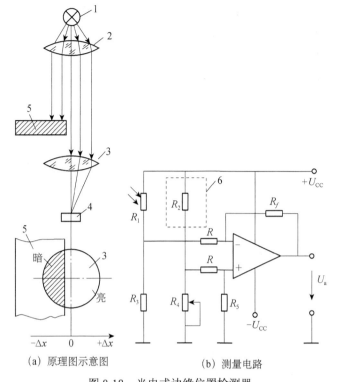

(a) 原理图示意图　　　　　　(b) 测量电路

图 8-18　光电式边缘位置检测器

1-光源；2-透镜；3-光敏电阻 R_f；4-被测带材；6-遮光罩

5. 光开关电路

图 8-19 为光开关电路。光电二极管的光电流经两极放大后，可控制继电器吸合。

6. 公共汽车（电车）关门安全指示器

如图 8-20 所示，大型公共汽车（电车）有三个门，在三个车门都关好时，指示器发出绿色信号（安装在司机前方的仪表板上）；若三个车门中有一个或一个以上未关好，则指示器发出红色信号。

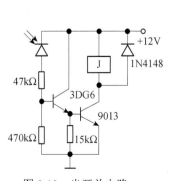

图 8-19　光开关电路

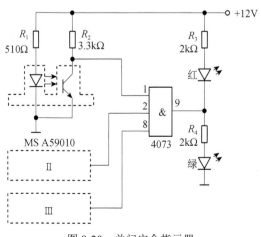

图 8-20　关门安全指示器

电路的工作原理是当车门关好时，挡板插入光电断路器槽中，光电三极管无工作电流，其输出为高电平；当三个车门全关好时，则相应地输出三个高电平信号。这三个高电平信号输入与门电路（4073）的输入端，则与门的输出为高电平，绿色 LED 亮。若其中有一个车门未关好（或未关严），则与门中有一个输入为低电平，于是，与门输出为低电平，使红色 LED 亮。

7. 自动照明灯

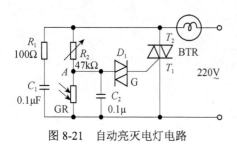

图 8-21　自动亮灭电灯电路

这种自动照明灯适用于医院、学生宿舍及公共场所。它在白天自动灭而在晚上自动亮，应用电路如图 8-21 所示。D_1 为触发二极管，触发电压约 30V。在白天时，光敏电阻的阻值低，其分压低于 30V（A 点），触发二极管截止，双向可控硅无触发电流，T_1、T_2 之间呈断开状态。晚上天黑，光敏电阻的阻值增加，A 点电压大于 30V，触发二极管导通，双向可控硅呈导通状态，电灯亮。R_1、C_1 为保护双向可控硅的吸收电路。

8. 彩色电视机亮度自动控制电路

彩色电视机能根据室内的光线自动调整电视机的亮度，使用更为方便。这里介绍一种方案，如图 8-22 所示。光敏电阻 GR 与对比度电位器中间头边接，利用光敏电阻受光照的影响，改变其阻值，使对比度电位器中间头的电位变化，从而达到自动控制亮度的作用。当室内亮度较大时，光敏电阻 GR 的阻值较小，使对比度电位计中间头的电位提高，通过 TA7698AP 的控制，图像的对比度、亮度和饱和度增大；当室内光线渐暗时，光敏电阻的阻值增加，对比度电位器中间头的电位下降，从而使对比度和亮度等相应减小。

光敏电阻可采用 JN54C348 型，并安装在电视机面板上。

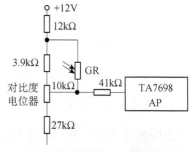

图 8-22　自动亮度控制电路

8.6　光导纤维（光纤）传感器

光纤：20 世纪 70 年代的重要发明。

光纤传感器：始于 1977 年。

光纤传感器 ◀—————— 光纤 —————▶ 光纤通信技术

与传统的以电为基础的传感器相比有本质的**区别**。

（1）光纤传感器用光而不是用电来作为敏感信息的载体。

（2）光纤传感器用光纤而不是用导线来作为传递敏感信息的媒介。

光纤传感器的**特点**如下。

（1）电绝缘，特别适用于高压供电系统及大容量电机的测试。

（2）抗电磁干扰，特别适用于高压大电流、强磁场噪声、强辐射等恶劣环境。

（3）高灵敏度。

（4）容易实现对被测信号的远距离监控。

8.6.1 光纤结构

光缆由多根光纤组成，主要用于光纤通信，如图 8-23 所示。

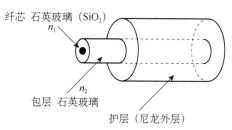

图 8-23 光纤组成结构

8.6.2 斯涅耳定理

根据几何光学理论，当光由光密物质（折射率 n_1 大）射至光疏物质（折射率 n_2 小），即 $n_1 > n_2$ 时，一部分入射光折射入光疏物质，其余部分反射回光密物质（图 8-24）。

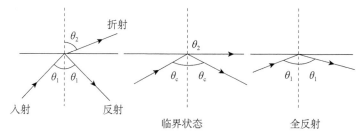

图 8-24 几何光学定理分析

斯涅耳定理：

$$\frac{\sin \theta_1}{\sin \theta_2} = \frac{n_2}{n_1} \qquad （\text{因为 } n_1 > n_2 \text{，所以 } \theta_2 > \theta_1）$$

始终：$\theta_2 > \theta_1$。

临界状态：$\theta_2 = 90°$。

临界角：$\sin \theta_c = \dfrac{n_2}{n_1} \Rightarrow \theta_c = \arcsin \dfrac{n_2}{n_1}$

当 $\theta_1 > \theta_c$ 时，发生全反射。

8.6.3 光纤的传（导）光原理

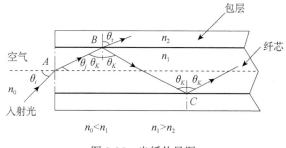

$n_0 < n_1 \qquad n_1 > n_2$

图 8-25 光纤传导图

简单的讲，光纤传感系统的基本原理就是光线中的光波参数如光强、频率、波长、相位、以及偏振态等随外界被测参数变化而变化，通过检测光纤中光波参数的变化达到检测外界被测物理量的目的，如图 8-25 所示。

根据斯涅耳定理，有

$$n_0 \sin \theta_i = n_1 \sin \theta_j \qquad （8-1）$$

$$n_1 \sin \theta_K = n_2 \sin \theta_r \qquad\qquad (8\text{-}2)$$

$$n_0 \approx 1 \ （空气）$$

由式（8-1）得

$$\sin \theta_i = \frac{n_1}{n_0} \sin \theta_j = \frac{n_1}{n_0} \sin(90° - \theta_K) = \frac{n_1}{n_0} \cos \theta_K = \frac{n_1}{n_0} \sqrt{1 - \sin^2 \theta_K}$$

由式（8-2）得

$$\sin \theta_K = \frac{n_2}{n_1} \sin \theta_r$$

$$\Rightarrow \sin \theta_i = \frac{n_1}{n_0} \sqrt{1 - \left(\frac{n_2}{n_1} \sin \theta_r\right)^2} = \frac{1}{n_0} \sqrt{n_1^2 - n_2^2 \sin^2 \theta_r}$$

临界状态：$\theta_r = 90°$。

实现全反射的临界角为

$$\sin \theta_i = \sin \theta_c = \frac{1}{n_0} \sqrt{n_1^2 - n_2^2} = \sqrt{n_1^2 - n_2^2} = \mathrm{NA} \ （\textbf{数值孔径}）$$

结论：

（1）纤芯和包层介质的折射率差值越大，数值孔径就越大，光纤的集光能力越强。数值孔径反映了光纤的集光能力。

（2）当 $\theta_i > \theta_c$ 时，$\theta_r < 90°$，光线会透入包层而消失。

（3）当 $\theta_i < \theta_c$ 时，光线在纤芯和包层的界面上不断产生全反射而向前传播，光在光纤内经过无数次的全反射，就从光纤的一端以光速传播到另一端，这就是**光纤传光的基本原理**。

8.6.4　光纤传感器结构原理及分类

1. 光纤传感器结构原理

光纤传感器的基本工作原理是将来自光源的光经过光纤送入调制器，使待测参数与进入调制区的光相互作用后，导致光的光学性质（如光的强度、波长、频率、相位、偏振态等）发生变化，称为被调制的信号光，再利用被测量对光的传输特性施加的影响，完成测量，如图 8-28 所示。

传统传感器：以机电测量为基础，把测量的物理量转变为可测的电信号的装置（图 8-26）。

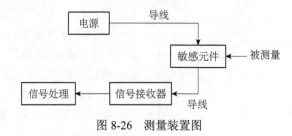

图 8-26　测量装置图

光纤传感器：以光学测量为基础，把测量的物理量转变为可测的光信号的装置，如图 8-27 所示。

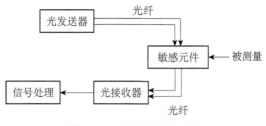

图 8-27　光学测量原理图

光纤传感器的基本工作原理如下。

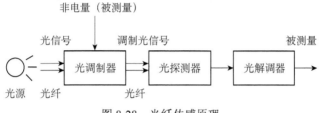

图 8-28　光纤传感原理

光：电磁波，波长为 $10^{-3} \sim 10^{-10}\,\mathrm{m}$。

光的电矢量 E 为

$$E = A\sin(\omega t + \phi)$$

式中，A 为光波的振幅；ω 为光波的振动频率；ϕ 为光波的相位。

将来自光源的光经过光纤送入调制器，使待测参数与光相互作用，导致光的光学性质（光的强度、波长、频率、相位、偏振态等）发生变化，成为被调制的光信号，再经过光纤送入光探测器，经解调器解调后，获得被测参数。

2. 光纤传感器的分类

1）非功能型（传光型）光纤传感器
传光型传感器框图如图 8-29 所示。
光纤：仅起传（导）光作用。
敏感元件：非光纤型。
优点：容易实现，成本低，占据了光纤传感器的绝大多数。

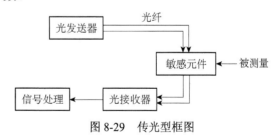

图 8-29　传光型框图

缺点：灵敏度低。

2）功能型（传感型）光纤传感器
传感型传感器框图如图 8-30 所示。
光纤：不仅起传光作用，而且作为敏感元件。

敏感元件：光纤型。

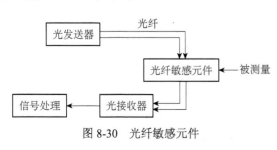

图 8-30　光纤敏感元件

优点：结构紧凑，灵敏度高。

缺点：成本高（因需用特殊的光纤和先进的检测技术）。

8.6.5　光纤传感器的调制原理

1. 强度调制

利用被测量的因素改变光纤中光的强度，再通过检测光强的变化来测量外界物理量，称为**强度调制**。

2. 波长和频率调制

利用外界被测量的因素改变光纤中光的波长或频率，再通过检测光纤中光的波长或频率的变化来测量外界物理量，分别称为**波长调制**和**频率调制**。

3. 相位调制

利用被测量的因素改变光纤中光波的相位，再通过检测光波相位变化来测量外界物理量，称为**相位调制**。

4. 偏振调制

使光的偏振状态按一定规律变化的光调制。

8.6.6　光电传感器与光纤传感器应用举例

1. 烟尘浊度检测仪

如图 8-31 所示，应用光电传感器测量烟尘浊度，烟尘浊度检测仪种类繁多，其基本原理框图变化不大。

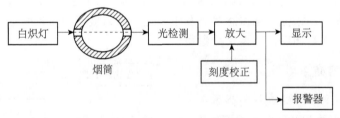

图 8-31　烟尘浊度检测仪框图

2. 光电转速传感器

应用光电传感器测量电机转速如图 8-32 所示。

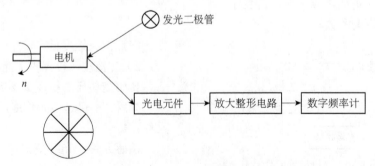

图 8-32　光电转速传感器框图

在电机轴上固定涂上黑、白相间条纹的圆盘，N 为黑（白）条纹数目。

$$n = \frac{60f}{N}(转 / 分)$$

8.7　光纤光栅传感器的应用

8.7.1　光纤光栅传感器的优势

与传统的传感器相比，光纤 Bragg 光栅传感器具有自己独特的优点。

（1）传感头结构简单、体积小、重量轻、外形可变，适合埋入大型结构中，可测量结构内部的应力、应变及结构损伤等，稳定性、重复性好。

（2）与光纤之间存在天然的兼容性，易与光纤连接、低损耗、光谱特性好、可靠性高。

（3）具有非传导性，对被测介质影响小，又具有抗腐蚀、抗电磁干扰的特点，适合在恶劣环境中工作。

（4）轻巧柔软，可以在一根光纤中写入多个光栅，构成传感阵列，与波分复用和时分复用系统相结合，实现分布式传感。

（5）测量信息是波长编码的，所以光纤光栅传感器不受光源的光强波动、光纤连接及耦合损耗，以及光波偏振态的变化等因素的影响，有较强的抗干扰能力。

（6）高灵敏度、高分辨力。

正是由于具有这么多的优点，近年来，光纤光栅传感器在大型土木工程结构、航空航天等领域的健康监测以及能源化工等领域得到了广泛的应用。

光纤 Bragg 光栅传感器无疑是一种优秀的光纤传感器，尤其在测量应力和应变的场合，具有其他一些传感器无法比拟的优点，被认为是智能结构中最有希望集成在材料内部，作为监测材料和结构的载荷，探测其损伤的传感器。

8.7.2　光纤光栅的传感应用

1. 土木及水利工程中的应用

土木工程中的结构监测是光纤光栅传感器应用最活跃的领域。

力学参量的测量对于桥梁、矿井、隧道、大坝、建筑物等的维护和健康状况监测是非常重要的。通过测量上述结构的应变分布，可以预知结构局部的载荷及健康状况。光纤光栅传感器可以贴在结构的表面或预先埋入结构中，对结构同时进行健康监测、冲击检测、形状控制和振动阻尼检测等，以监视结构的缺陷情况。

另外，多个光纤光栅传感器可以串接成一个传感网络，对结构进行准分布式检测，可以用计算机对传感信号进行远程控制。

1）在桥梁安全监测中的应用

目前，应用光纤光栅传感器最多的领域是桥梁的安全监测。

斜拉桥斜拉索、悬索桥主缆及吊杆和系杆拱桥系杆等是这些桥梁体系的关键受力构件，其他土木工程结构的预应力锚固体系，如结构加固采用的锚索、锚杆也是关键的受力构件。

上述受力构件的受力大小及分布变化最直接地反映结构的健康状况，因此对这些构件的受力状况监测及在此基础上的安全分析评估具有重大意义。

加拿大卡尔加里附近的 Beddington Trail 大桥是最早使用光纤光栅传感器进行测量的桥梁之一（1993 年），16 个光纤光栅传感器贴在预应力混凝土支撑的钢增强杆和炭纤复合材料筋上，对桥梁结构进行长期监测，而这在以前被认为是不可能。德国德累斯顿附近 A4 高速公路上有一座跨度 72 m 的预应力混凝土桥，德累斯顿大学的 Meissner 等将布拉格光栅埋入桥的混凝土棱柱中，测量荷载下的基本线性响应，并且用常规的应变测量仪器进行对比试验，证实了光纤光栅传感器的应用可行性。瑞士应力分析实验室和美国海军研究实验室，在瑞士洛桑附近的 Vaux 箱形梁高架桥的建造过程中，使用了 32 个光纤光栅传感器对箱形梁被推拉时的准静态应变进行监测，32 个光纤光栅分布于箱形梁的不同位置、用扫描法-泊系统进行信号解调。

2003 年 6 月，同济大学桥梁系史家均老师主持的卢浦大桥健康监测项目中，采用了上海紫珊光电的光纤光栅传感器，用于检测大桥在各种情况下的应力应变和温度变化情况。
施工情况：整个检测项目的实施主要包括传感器布设、数据测量和数据分析三大步。

在卢浦大桥选定的端面上布设了 8 个光纤光栅应变传感器和 4 个光纤光栅温度传感器，其中 8 个光纤光栅应变传感器串接为 1 路，4 个温度传感器串接为 1 路，然后通过光纤传输到桥管所，实现大桥的集中管理。

数据测量的周期根据业主的要求来确定，通过在桥面加载的方式，利用光纤光栅传感网络分析仪，完成桥梁的动态应变测试。

2）在混凝土梁应变监测中的应用

1989 年，美国 Brown University 的 Mendez 等首先提出把光纤传感器埋入混凝土建筑和结构中，并描述了实际应用中这一研究领域的一些基本设想。此后，美国、英国、加拿大、日本等国家的大学、研究机构投入了很大力量研究光纤传感器在智能混凝土结构中的应用。

在混凝土结构浇注时所遇到的一个非常棘手的问题是：如何才能在混凝土浇捣时避免破坏传感器及光缆。光纤 Bragg 光栅通常写于普通单模通信光纤上，其质地脆，易断裂，为适应土木工程施工粗放性的特点，在将其作为传感器测量建筑结构应变时，应采取适当保护措施。

一种可行的方案是：在钢筋笼中布置好混凝土应变传感器的光纤线路后，将混凝土应变传感器用铁丝等按照预定位置固定在钢筋笼中，然后将中间段用纱布缠绕并用胶带固定。而对粘贴式钢筋应变传感器一般则用外涂胶层进行保护。

2003 年 9 月，上海紫珊光电技术有限公司自主研发的光纤光栅传感应变计埋设于混凝土中对北京中关村某标志性建筑进行静态应变测量，如图 8-33 和图 8-34 所示。上海紫珊光电技术有限公司自主研发的光线光栅应变计具有精度高（一般为 1με，如果是小量程的应变测量，则可以达到 0.5με）、可靠性高、安装方式多样、使用方便等优点，成功应用于北京中关村某标志性建筑中，布设在钢梁上并埋设在混凝土中对支柱钢梁进行施工过程监测。

3）在水位遥测中的应用

在光纤光栅技术平台上研制出的高精度光学水位传感器专门用于江河、湖泊以及排污系统水位的测量。传感器的精度可以达到 ±0.1%F·S。光纤安装在传感器内部，由于光纤纤芯折射率的周期性变化形成了 FBG，并反射符合布拉格条件的某一波长的光信号。当 FBG 与弹性膜片或其他设备连接在一起时，水位的变化会拉伸或压缩 FBG，而且反射波长会随着折射率周期性变化而发生变化。那么，根据反射波长的偏移就可以监测出水位的变化。

图 8-33　埋入混凝土前

图 8-34　埋入混凝土后

4）在公路健康监测中的应用

公路健康监测的必要性：

交通是与人们息息相关的事情，同样也是制约城市发展的主要因素，可以说交通的好坏可以直接决定一个城市的发展命运。每年国家都要投入大量资金用在公路修建以及维护上，其中维护费用占据了很大一部分。即便是这样，每年仍然有大量公路遭到破坏，公路的早期损坏已成为影响高速公路使用功能的发挥和诱发交通事故的一大病害，而破坏一般都是因为汽车超载、超速以及自然原因引起的，并且也和公路修建的质量有很大关系。所以在公路施工过程以及使用过程中进行健康监测是非常有必要的。现在的公路一般分三层进行施工，分为底基层、普通层和沥青层，在施工过程中埋入温度以及应变传感器可以及时得到温度和应变的变化情况，对公路质量进行实时监控。详细了解施工材料的特点以及影响施工质量的因素。

传感器设计方案：

由于公路施工过程中条件比较恶劣，主要问题有以下几点：①在沥青层铺设过程中温度可达 160℃；②在施工过程中，每层受到的压力达 20t 以上；③由于沥青层随着环境温度变化，其强度变化明显。传感器需要能真实反映沥青层应变。所以传感器在埋入过程中的成活率是最关键的问题。

首先为了解决高温的问题，传感器本身采用不锈钢材料封装，尾纤采用抗高温铠装光缆。为了使传感器在强压力下仍然能继续工作，并且和沥青层比较好地配合，能真实反映沥青层挠度，如图 8-35 和 8-36 所示，设计传感器外形的时候，可以采用增加沥青层与传感器的接触面积。

（1）H 形 FBGS-H 沥青计。装配图与实物图如图 8-35 和图 8-36 所示。

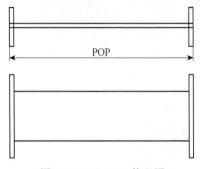

图 8-35　FBGS-H 装配图　　　　　　　图 8-36　FBGS-H 实物图

（2）圆型 FBGS-O 沥青计。装配图与实物图如图 8-37 和图 8-38 所示。

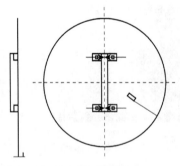
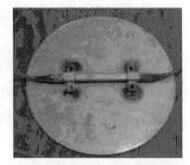

图 8-37　FBGS-O 装配图　　　　　　　图 8-38　FBGS-O 实物图

这样，在城市交通要道以及高速公路监测点埋入传感器，组建公路监测系统，统一监控，如图 8-37 和图 8-38 所示。在数据处理方面进行研究，除了能监测公路健康状况，还可实现车流量统计，对公路上超速超载情况进行监测等功能。

2. 航空航天中的应用

智能材料与结构的研究起源于 20 世纪 80 年代的航空航天领域。1979 年，美国国家宇航局（NASA）创始了一项光纤机敏结构与蒙皮计划，首次将光纤传感器埋入先进聚合物复合材料蒙皮中，用于监控复合材料应变与温度。

先进的复合材料抗疲劳、抗腐蚀性能较好，而且可以减轻船体或航天器的重量，对于快速航运或飞行具有重要意义，因此复合材料越来越多地被用于制造航空航海工具（如飞机的机翼）。

另外，为了监测一架飞行器的应变、温度、振动、起落驾驶状态、超声波场和加速度情况，通常需要 100 多个传感器，故传感器的重量要尽量轻，尺寸尽量小，因此最灵巧的光纤光栅传感器是最好的选择。另外，实际上飞机的复合材料中存在两个方向的应变，嵌入材料中的光纤光栅传感器是实现多点多轴向应变和温度测量的理想智能元件。

美国国家航空和宇宙航行局对光纤光栅传感器的应用非常重视，他们在航天飞机 X-33 上安装了测量应变和温度的光纤光栅传感网络，对航天飞机进行实时的健康监测。X-33 是一架原型机，设计用来作“国际空间站”的往返飞行。

BlueRoadResearch 联合美国海军空战中心和波音幻影工作组，使用 BliueRoadResearch 生产的光纤光栅传感器对飞机的黏和接头完好性进行了评估。以前这种评估所常用的方法，如超声波和 X 射线，非常耗时且信号难以处理。美国海军研究实验室将光纤光栅传感器固定在飞机轻型天线反射器的不同位置，测量纵向应变、弯曲和扭矩。

3. 船舶航运业中的应用

1）船舶结构健康监测系统

美国海军实验室对光纤光栅传感技术非常重视，已开发出用于多点应力测量的光纤光栅传感技术，这些结构包括桥梁、大坝、船体甲板、太空船和飞机。在美国海军的资助下，开发有船舶结构健康监测系统，已制成用于美国海军舰队结构健康监测的低成本光纤网络，这个系统基于商用光纤光栅和通信技术；拟采用光纤光栅传感技术和混合空间/波分复用技术实时测量拖拽阵列的三维形状，这种技术对阵列测量的改善将超过现有阵列估算技术的一个数量级，从而可增强海军的战术优势。

1999 年春，美国海军研究实验室（Naval Research Laboratory，NRL）光纤灵巧结构部的 Todd 等用光纤传感系统对 KNM Skjold 快速巡逻艇进行智能监测，如图 8-39 所示。

1. 56个光纤光栅传感器（FBG）
2. 安装在内壳和喷水推进器上
3. 实时局部应变监测和整船负载量的监测

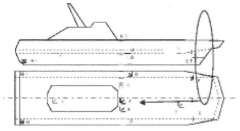

1. 分辨率高，无电磁干扰
2. 保持原有结构不被破坏
3. 同时实现自动的遥感遥测

图 8-39　遥感遥测布置图

图 8-40 所示为监测喷水推进器的示意图。

图 8-40　监测喷水推进器的示意图

2）全光纤舰船传感系统

2002 年 2 月美国海军研究中心（Navy office of Naval Research）和海上战争中心（Naval Surface Warfare Center，Carderock Division）在英国皇家 RV Triton 舰船上安装了光纤传感系统对其进行舰船结构健康监测。SPA 安装了自己的舰船监测系统和超过 50 个 FBG 传感器安装在舰壳上，同时存在电传感器以验证它的精度和性能。这个测试系统伴随 RV Triton 在海上 2 个星期的海上航行测试，最后数据被 NSWCCD 和 SPA 分析，以指导 RV Triton 的工程改进。如图 8-41 所示，同时美国也非常有兴趣将该传感系统用在 Trimaran（三舰并列）技术的发展中。

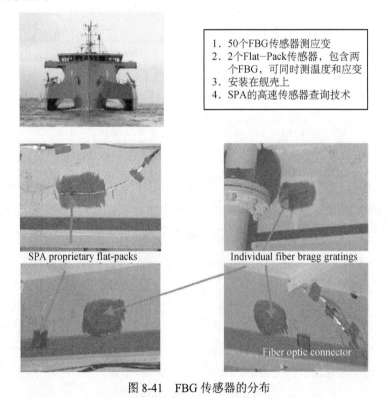

图 8-41　FBG 传感器的分布

2000 年 6 月 25 日 DavidsonInstruments 宣布为美国海军开发全光纤舰船传感系统。美国海军正在研究 21 世纪水面战斗舰船。这些舰船包括按 DD21 设计的登陆攻击驱逐舰，也包括按 CG-21 设计的巡洋舰。2002 年 7 月 10 日 DavidsonInstruments 已经宣布完成了该项目，其结果数据被用于舰船的制造和改进提供参考。如图 8-42 所示，同时这个全光纤的传感系统可以抵抗核武器的冲击波效应。

图 8-42　全光纤的传感系统

3）驳船健康监测系统

美国海上战争中心对美国海军的接合标准模驳船系统 JMLS 进行结构监测。如图 8-43 所示，用 4 个通道共 16 个 FBG 传感器，其中 14 个应变传感器和 2 个 Flat-Pack 传感器（包含两个 FBG，可同时测量温度和应变），以及 SPA 的舰船健康监测系统。

图 8-43　驳船健康监测系统

4）发射系统环境监测系统

美国海上战争中心正在开发自己的光纤传感测试系统以用于长期的监测，决定表面舰船垂直发射系统（VLS）和导弹发射的操作环境，如图 8-44 所示。因为导弹等发射物的健康状况会受到震动冲击、高热和湿度的影响，必须对其进行定期的检测。在这个测试系统中，测量的物理量包括温度、应变、压力、加速度和湿度。

图 8-44　发射系统环境监测系统

5）舰船 FBG 传感器网络

2002 年 4 月挪威国防研究所的 Karianne 等，在两个舰船上建立了 FBG 传感器网络，50 个传感器分布在舰船的壳上，测量它的应力分布，最后用有限元的方法分析其受力模型。这样可以通过监测和限制壳上的应力分布，增加舰船的安全性和使用寿命。其中还包括一个 Micron Optics 的可调谐 F-P 滤波器和一个 OptoSpeed 的超发光二极管，一个新封装设计以增加传感器使用寿命。

6）舰船推进器光纤传感系统

美国海军水面战斗中心在登陆平台船坞 LPD17 上的舰船推进器上完成了光纤传感系统，其中使用了 FBG 传感器阵列和 Flat-Pack，具有高速和高传感器密度的功能特点，同时运用了 SPA 的基于高速传感器查询系统的数字空间波长复用器，如图 8-45 所示。为了验证这个推进器的设计，4 个通道 24 个传感器被用于测试，21 个应变传感器，3 个温度传感器，取样频率 2kHz。

图 8-45　舰船推进器光纤传感系统

7）舰船结构光纤传感系统

1999 年 10 月在美国海军实验室的资助下，Systems Planning and Analysis Inc.制作了一个低成本的，用于监测美国海军舰船的结构和理性的光纤网络。在这个系统中，通过分布在舰船外壳上的传感点，可以实时计算和报告舰船在海洋中作业时的受力情况，如图 8-46 所示。这个远程监测技术能够为舰船设计的修改和升级提供指导，同时对舰船的完整性有预警功能。

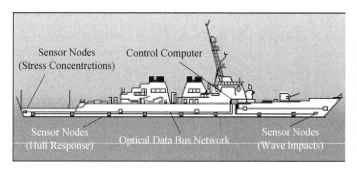

1. 120个离散分布的FBG传感器
2. 测量舰船的应变和应力
3. 自己的驱动软件控制系统
4. 在线、实时的显示结构的响应和变形
5. 实时监测和远程监测，相对低的成本

图 8-46　舰船结构光纤传感系统

8）声呐传感系统

目前，声呐传感器已被各国海军特别关注。在实际应用中，拖拽声呐阵列是由一串包含水听器的模块组成的，其中水听器可以确定水下噪声源的位置。这样每个声呐模块相对声音噪声的位置决定了辨别噪声源的准确性，如图 8-47 所示。电子传感器虽然已经在上述领域被应用，但由于其自身存在的问题，这样随着全光纤拖拽声呐系统的发展，用一个光的方法来精确测量阵列上的各个水听器的位置就显得非常必要。FBG 传感器对于这种需要分布式形貌测量的应用是非常理想的。SPA 已经用 FBG 传感器开发了一个相对成本低的光拖拽阵列形貌和位置测量系统，克服了许多当前的缺点。用软硬件相结合的方法实时分解和显示了阵列与柔软结构的变形。同时这个系统是基于 Micron Optics 的 FBG 解调系统的。

1. 用自己的软件，数据采集和数据处理算法集成了Micron Optics的FBG-SLI系统
2. 开发了将FBG传感器埋入聚合物软管和多芯线缆的制造生产过程
3. 开发了应变到形貌的算法，实现通过分布式应变测量得出柔软结构的形貌

图 8-47　声呐传感系统

4. 石化工业中的应用

工厂的电磁环境和周围空气中带有的诸如重金属、化合物、燃化油蒸汽等物质，不利于常规电式传感器和仪器的工作。由于独特的电绝缘性赋予光纤传感器的抗电磁干扰能力

（EMI）和在易燃易爆场合的本征安全性，以及快速响应和对腐蚀液体的抗拒性，光纤传感器适用于工厂的工作环境。尤其在属于易燃易爆领域的石化工业，光纤光栅传感器因其本质安全性非常适合在石油化工领域中的应用。

由于光纤光栅传感器具有抗电磁干扰、耐腐蚀等优点，所以可以替代传统的电传感器广泛应用在海洋石油平台上及油田、煤田中探测储量和地层情况。内置于细钢管中的光纤光栅传感器可用于海上钻探平台的管道或管子温度及延展测量的光缆。采用 FBG 传感系统可以对长距离油气管道实行分布式实时的在线监测。Spirin 等设计了一种用于漏油监测的 FBG 传感器。他们将 FBG 封装在聚合物丁基合成橡胶中，这种聚合物具有良好的遇油膨胀特性，当管道或储油罐漏油后，传感器被石油浸泡，聚合物膨胀拉伸光纤光栅，使光栅中心波长漂移，通过监测这个漂移达到报警目的。在室温下，该系统在 20min 内波长漂移量大于 2 nm，大大超过了环境温度变化可能引入的波长漂移（0.5nm）。

除此之外，还有一种利用温度变化监测管道泄漏的方法。

管道泄露监测原理图如图 8-48 所示。

泄漏探测是依据泄漏附近环境温度变化来判断的

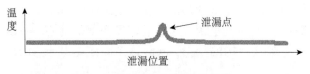

图 8-48 温度变化监测管道泄漏

超远距离管道监测方案简图如图 8-49 所示。

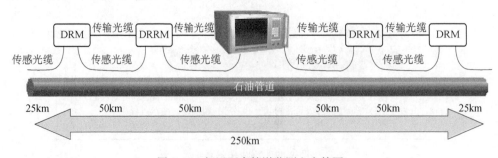

图 8-49 超远距离管道监测方案简图

施工现场图如图 8-50 所示。

图 8-50　施工现场图

5. 电力工业中的应用

　　电力工业中的设备大多处在强电磁场中，一般电器类传感器无法使用。高压开关的在线监测、高压变压器绕组、发电机定子等的温度和位移等参数的实时监测都要求绝缘性能好，体积小。光纤光栅具有的抗电磁干扰和它的安全性能恰恰满足在这种环境条件下使用。

　　在强电磁环境中，关键基础用电设备的安全运行是企业生产的必要保障，也是整个国民经济正常运转的基本保证。电气设备产生故障的大部分原因是设备过热，主要可以分为外部热故障和内部热故障，如图 8-51 所示。电气设备的外部热故障主要指裸露接头由于压接不良等，在大电流作用下，接头温度升高，接触点氧化引起接触电阻增大，恶性循环造成隐患，如图 8-52 所示。此类故障占外部热故障的 90% 以上。统计近几年来检测到的外部热故障的几千个数据，可以发现线夹和刀闸触头的热故障占整个外部热故障的 77%，它们的平均温升约在 30℃，其他外部接头的平均温升在 20~25℃。

　　根据对电力事故分析，电缆故障引起的火灾导致大面积电缆烧损，造成被迫停机，短时间内无法恢复生产，造成重大经济损失。通过事故的分析，电缆沟内火灾发生的直接原因是电缆中间头制作质量不良、压接头不紧、接触电阻过大，长期运行所造成的电缆头过热烧穿绝缘，最后导致电缆沟内火灾的发生，如图 8-52 所示。

图 8-51　35kV 变电站开关柜运行温度监测

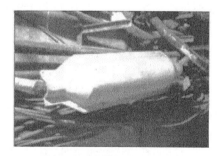

图 8-52　电缆接头温度监测

　　从电缆头或变电设备的过热到事故的发生，其发展速度比较缓慢、时间较长，通过电缆/设备温度在线监测系统完全可以防止、杜绝此类事故的发生。

　　温度监测的主要目标设备：

在电力工业中，电流转换器可把电流变化转化为电压变化，电压变化可使压电陶瓷（PZT）产生形变，而利用贴于 PZT 上的光纤光栅的波长漂移，很容易得知其形变，进而测知电流强度，如图 8-53 所示。这是一种较为廉价的方法，并且不需要复杂的电隔离。另外，由大雪等对电线施加的过量的压力可能会引发危险事件，因此在线检测电线压力非常重要，特别是对于那些不易检测到的山区电线。光纤光栅传感器可测电线的载重量，其原理为把载重量的变化转化为紧贴电线的金属板所受应力的变化，这一应力变化即可被粘于金属板上的光纤光栅传感器探测到，如图 8-54 所示。这是利用光纤光栅传感器实现远距离恶劣环境下测量的实例，在这

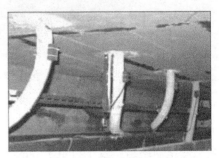

图 8-53　电缆隧道温度监测　　　　　　图 8-54　开关柜引出线运行温度监测

种情况下，相邻光栅的间距较大，故不需要快速调制和解调。

6. 核工业中的应用

核工业是高辐射的地方，核泄漏对人类是一个极大的威胁，贝尔格利核电站泄漏的影响至今还没有消除，因此对于核电站的安全检测是非常重要的。由于核装置的老化，需要更多的维护和修理，最终必须被拆除，所有这些都不能在设计时预见，需要更多的传感器以便遥控设备，处理不确定情况。同时核废料的管理也变得越来越重要，需要有监测网络来监视核废料站的状况，对监视网络长期稳定的要求也是前所未有的。

比利时核研究中心对光纤光栅传感器用于核工业的可行性进行了研究，他们实验测量了各种商用光纤光栅对 C 辐射的敏感性。他们的研究结果是：光纤光栅的温度敏感系数在 3% 的精度内不受 C 辐射影响；布拉格反射波的幅度和宽度在 C 辐射下没有变化；布拉格波长在 C 辐射下变化小于 25 pm，并且 C 辐射剂量达到 0.1M Gy 时，波长变化饱和。他们认为：光纤光栅温度传感器可能在 C 辐射水平为 1M Gy 的环境中保持所需要的性能，并且可以通过优化光纤光栅的参数减小 C 辐射敏感性。他们还研究了光纤光栅对中子辐射的敏感性，发现光纤载氢不仅可以增强光敏性，还会增加对离化辐射的敏感性。

日本核能研究院在 1999 年 4 月～2000 年 3 月的年度报告中提到，他们正在日本材料测试反应堆，通过辐射环境测试确保光纤光栅用于核电厂设备和管道的传感，并能在几乎整个反应堆寿命期间忍耐核辐射。

核电站的反应堆建筑或外壳结构是很厚的钢或钢筋混凝土地板和墙，是设计用于防止核泄漏的最后防护屏障，它们所承受的压力对于 900MW 核电站的单层壳体是 12×105Pa，对于 1300MW 核电站的双层壳体是 9×105 Pa。使用静态分布式光纤光栅传感系统进行遥测将极大地增强可靠性、安全性，并减少维护费用。1995 年，法国的 CEA 2L ET I、EDF 和 F ram atom e 就开始了一个联合计划发展布拉格光栅变形测量仪用于核电厂的混凝土测量。他们将

光纤光栅传感器安在核壳体表面或埋入核壳体中,对高性能预应力混凝土核壳大墙进行监测。

在增压水反应堆核电站中,水被用来吸收热但不沸腾,因为水被保持在高压中,在热-机械循环中管道和接头会发生老化,因此早期泄漏探测是一个重要的课题。核反应堆水管的泄漏和破裂是非常危险的,极端情况下会使核反应堆熔化和泄漏。1996 年初,由英国 BICC Cable Ltd 牵头的一个联盟开展了一个为期 3 年的 Brite 计划,旨在开发一种具有完善温度补偿的分布式静态监测系统,此系统能复用多个光纤光栅应变传感器对高温部件(约 550℃)进行实时寿命预测。

高辐射的核废料必须储藏在地下很长时间。德国将研究用布拉格光栅传感器监测地下核废料堆中的应变和温度。

7. 医学中的应用

医学中用的传感器多为电子传感器,它对许多内科手术是不适用的,尤其是在高微波(辐射)频率、超声波场或激光辐射的过高热治疗中。电子传感器中的金属导体很容易受电流、电压等电磁场的干扰,引起传感头或肿瘤周围的热效应,这样会导致错误读数。近年来,使用高频电流、微波辐射和激光进行热疗以代替外科手术越来越受到医学界的关注,而且传感器的小尺寸在医学应用中是非常重要的,因为小的尺寸对人体组织的伤害较小,而光纤光栅传感器正是目前能够做到的最小的传感器。它能够通过最小限度的侵害方式测量人体组织内部的温度、压力、声波场的精确局部信息。目前光纤光栅传感系统已经成功地检测了病变组织的温度和超声波场,在 30~60℃ 的范围内,获得了分辨率为 0.1℃ 和精确度为 ±0.2℃ 的测量结果,而超声场的测量分辨率为 $10^{-3}atm/Hz^{1/2}$,这为研究病变组织提供了有用的信息。光纤光栅传感器还可用来测量心脏的效率。在这种方法中,医生把嵌有光纤光栅的热稀释导管插入患者心脏的右心房,并注射一种冷溶液,可测量肺动脉血液的温度,结合脉功率就可知道心脏的血液输出量,这对于心脏监测是非常重要的。

巴西的 Wehrle 等用弹性胶带将光纤光栅应变传感器固定在患者的胸部,通过胸腔的变化,测量呼吸过程的频谱。这种测量可用在电致人工呼吸中,这时患者胸部装有高压电极,通过高压放电刺激隔膜神经帮助患者呼吸。用光纤光栅传感器控制高压放电的触发,监视患者呼吸情况,有利于改善电致人工呼吸的效果。如果用常规的电类传感器,则会受到高压放电的干扰。

新加坡总医院将南洋理工大学生物医学工程研究中心研制的一种光纤光栅压力传感器用于外科校正,以便帮助医生监视患者的健康。埋有光纤光栅阵列的脚压传感垫配以绘图设备可以绘出外科校正压力的空间图形,能用于监视患者站立时的脚底压力分布。

8. 其他应用

除上述应用外,光纤光栅传感器还在其他领域得到了应用。

(1)利用在晶体材料中,不同的温度会引起荧光延迟时间的不同这一原理制作的分点探测传感器广泛应用于工业与医药。

(2)光纤层析成像技术,根据不同的原理和应用场合,可分为光相干层析成像分析(OCT)和光过程层析成像分析技术(OPT)。

(3)光纤陀螺及惯性导航系统,美国 Honeywell 公司为美国军方制造的用于直升机的三轴惯导系统直径仅为 86mm,日本 Mitsubishi Precision 公司和空间及宇航所为日本 M-V 火箭系统设计制造了惯导系统。

总之，光纤光栅传感器的应用是一个方兴未艾的领域，有着非常广阔的发展前景。

8.8 现状与展望

光纤光栅传感技术如此受到重视并获得极为迅速发展的原因是：微型计算机的普及、信息处理技术的飞速发展，形成了推动获得信息的传感器技术发展的动力；广阔的市场与社会需求是传感器技术发展的又一强劲推动力。

我国对光纤光栅传感器的研究相对晚一些，目前我国的光纤传感器的产业化和大规模推广应用方面还远不能满足国民经济发展的需求。因此，近期的光纤传感技术研究和产业化特点是以成熟的光纤通信技术向光纤传感技术转化为重点，目前对光纤光栅传感器的研究方向主要有四个方面。

（1）对传感器本身及进行横向应变感测和高灵敏度、高分辨率且能同时感测应变和温度变化的传感器研究。

（2）对光栅反射信号或透射信号分析和测试系统的研究，目标是开发低成本、小型化、可靠且灵敏的探测技术。

（3）对光纤光栅传感器的实际应用研究，包括封装技术、温度补偿技术、传感器网络技术。

（4）开展各应用领域的专业化成套传感技术的研发，如航空航天、航海、土木工程、医学和生物、电力工业、核工业及化学和环境等。

目前限制光纤光栅传感器应用的最主要障碍是传感信号的解调，正在研究的解调方法很多，但能够实际应用的解调产品并不多，且价格较高。其次，光纤光栅传感器应用中的其他问题也非常重要。

（1）由于光源带宽有限，而应用中一般要求光栅的反射谱不能重叠，所以可复用光栅的数目受到限制。

（2）如何实现在复合材料中同时测量多轴向的应变，以再现被测体的多轴向应变形貌。

（3）如何实现大范围、高精度、快速实时测量。

（4）如何正确地分辨光栅波长变化是由温度变化引起的还是由应力产生的应变引起的等。

有效地解决上述问题对于实现廉价、稳定、高分辨率、大测量范围、多光栅复用的传感系统具有重要意义，这些都有待发展。美国、德国、加拿大、英国等都在致力于新型光纤光栅传感器及解调系统的研究。

习　题

1．光电传感器有哪几种？与之对应的光电元件各是哪些？请简述其特点。

2．光电传感器可分为哪几类？请各举出几个例子加以说明。

3．何谓外光电效应、光电导效应和光生伏特效应？

4．简述光电传感器的主要形式及其应用？

5．光电效应有哪几种类型？与之对应的光电元件各有哪些？简述各光电元件的优缺点。

6．某光敏三极管在强光照时的光电流为 2.5mA，选用的继电器吸合电流为 50mA，直流电阻为 250Ω。现欲设计两个简单的光电开关，其中一个是有强光照时继电器吸合，另一个相反，是有强光照时继电器释放。请分别画出两个光电开关的电路图（采用普通三极管放大），并标出电源极性及选用的电压值。

7．造纸工业中经常需要测量纸张的"白度"以提高产品质量，请你设计一个自动检测纸张"白度"的测量仪，要求：

（1）画出传感器简图；

（2）画出测量电路简图；

（3）简要说明其工作原理。

参 考 文 献

陈杰，黄鸿. 2003. 传感器与检测技术. 北京：高等教育出版社.

胡向东. 2009. 传感器与检测技术. 北京：机械工业出版社.

梁森，欧阳三泰. 2011. 自动检测技术及应用. 北京：机械工业出版社.

沈跃，杨喜峰. 2010. 物理实验教程——智能检测技术实验. 青岛：中国石油大学出版社.

王桂荣，李宪芝. 2010. 传感器原理及应用. 北京：中国电力出版社.

王化祥. 2007. 传感器原理及应用. 天津：天津大学出版社.

王兆安，刘进军. 2015. 电力电子技术. 5 版. 北京：机械工业出版社.

叶湘滨. 2007. 传感器与测试技术. 北京：国防工业出版社.

于彤. 2008. 传感器原理及应用（项目式教学）. 北京：机械工业出版社.

郁有文. 2008. 传感器原理及工程应用. 西安：西安科技大学出版社.

张洪润. 2009. 传感技术与应用教程. 北京：清华大学出版社.

周继明. 2009. 传感技术与应用. 长沙：中南大学出版社.

Fraden J. 2004. Handbook of Modern Sensors.3rd ed. New York：Springer-Verlag.

工业电子学会. http://www. ieee-ies. org.

工业应用学会. http://www. ewh. ieee. org/soc/ias.

中国电机工程学会. http://www. csee. org. cn.